U0001061

跟著
網紅老師
玩科學

十分鐘搞懂數學、物理及生活科學

李永樂 西瓜視頻科普創作人

——著

目錄 CONTENTS

第一章
有趣的數學

1.1	最早的學霸是誰？	006
1.2	阿基里斯能追上烏龜嗎？	011
1.3	我說的是假話	017
1.4	3.1415926……	021
1.5	披薩中的數學	026
1.6	一筆畫能寫出「田」字嗎？	030
1.7	1+1	034
1.8	最厲害的民科是誰？	038
1.9	怎樣傳小紙條？	044
1.10	平行線存在嗎？	049
1.11	四維空間是怎麼樣的？	054
1.12	數學家能在賭場中贏錢嗎？	061
1.13	買彩券能中大獎嗎？	066
1.14	天氣預報為什麼常常不準？	072
1.15	散戶炒股為什麼總是賠錢？	077
1.16	老闆為什麼對基層員工特別好？	083
1.17	為什麼總是有人開車插隊？	088

第二章
奇妙的物理

2.1 能量都是從哪裡來的？ —————— 094

2.2 光速是如何測量的？ —————— 100

2.3 阿基米德能撬起地球嗎？ —————— 106

2.4 天體之間的距離到底有多遠？ —————— 111

2.5 指南針為什麼能指南？ —————— 118

2.6 家用電是怎麼產生的？ —————— 125

2.7 特斯拉和愛迪生誰更厲害？ —————— 132

2.8 SOS 是什麼意思？ —————— 141

2.9 FM 和 AM 是什麼意思？ —————— 148

2.10 世界上第一張 X 光片是誰拍的？ —————— 154

2.11 量子是什麼東西呢？ —————— 160

2.12 波還是粒子？這是個問題 —————— 165

2.13 薛丁格的貓是死了還是活著？ —————— 173

2.14 黑洞是黑色的嗎？ —————— 179

2.15 如何製作原子彈？ —————— 186

2.16 晶片為什麼這麼難做？ —————— 194

第三章
身邊的科學

3.1　天空為什麼是藍色的？ ⋯⋯⋯⋯⋯⋯ 204

3.2　星星為什麼是黑白的？ ⋯⋯⋯⋯⋯⋯ 209

3.3　正常夫妻為什麼會生出色盲孩子？ ⋯⋯⋯⋯⋯⋯ 214

3.4　雙層彩虹是怎麼回事？ ⋯⋯⋯⋯⋯⋯ 221

3.5　炎熱的夏天為什麼總覺得馬路上有水？ ⋯⋯⋯⋯⋯⋯ 226

3.6　雨中走路淋雨多，還是跑步比較多？ ⋯⋯⋯⋯⋯⋯ 232

3.7　電磁爐是怎麼加熱食物的？ ⋯⋯⋯⋯⋯⋯ 237

3.8　微波爐是如何加熱的？ ⋯⋯⋯⋯⋯⋯ 242

3.9　電鍋可以用來燒水嗎？ ⋯⋯⋯⋯⋯⋯ 249

3.10　觸控螢幕是什麼原理？ ⋯⋯⋯⋯⋯⋯ 254

3.11　手機是如何定位的？ ⋯⋯⋯⋯⋯⋯ 260

3.12　陀螺為什麼不倒下？ ⋯⋯⋯⋯⋯⋯ 265

第一章

有趣的數學

M-A-T-H

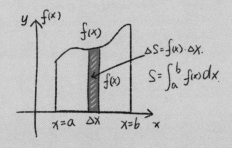

最早的學霸是誰？
── 第一次數學危機

「學霸」這個詞在現代是指學習成績特別好的人，但它的本意並非如此，而是指在學術界利用自己的地位剷除異己、打壓他人的壞蛋，也叫「學術界的惡棍」。大家知道最早的學霸是誰嗎？

一、畢達哥拉斯：萬物皆數

西元前 500 年左右，也就是中國的春秋戰國時期，地球上沒有多少國家。當時的希臘，以畢達哥拉斯為代表的畢達哥拉斯學派獲得豐碩的數學成果。例如他們提

出畢達哥拉斯定理，也就是「畢氏定理」。這個定理告訴我們：一個直角三角形的兩條直角邊的平方和等於斜邊的平方。

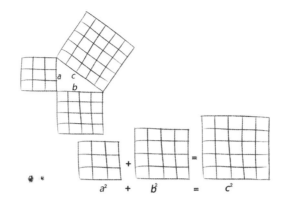

$$a^2 + b^2 = c^2$$

同時，畢達哥拉斯學派的觀點是「萬物皆數」，而且都是整數，認為宇宙的本質就是數，研究數學就是研究宇宙。

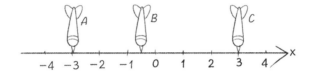

例如隨便射一支飛鏢在一條數線上，可能會戳中一個整數點如 A 點 $(x=-3)$、C 點 $(x=3)$；也可能戳中 B 點 $(x=-0.5)$，該如何將 B 點寫成整數呢？畢達哥拉斯說：「這個點雖然不能寫成整數，但是可以寫成兩個整數的比。」

$-0.5 = -\dfrac{1}{2}$。瞧，B 點還是可以用整數表示！

‧‧‧‧‧‧‧

二、「完美」的有理數

我們把可以寫成兩個整數比的數叫做有理數，分數就是有理數，而整數可以寫成自身與 1 的比，所以整數也是有理數。畢達

哥拉斯的觀點可以概括為：數線上任意一點都對應一個有理數。

有理數可以分為三類：

第一類叫做整數，例如 0、1、2、……

第二類叫做有限小數，總是可以寫成分數的形式，例如：

$$3.5 = \frac{7}{2}，3.8 = \frac{38}{10} = \frac{19}{5}$$

第三類叫做無限循環小數，也能寫成分數的形式，例如：

$$0.333\cdots\cdots = \frac{1}{3}$$

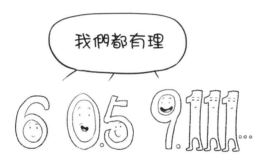

有同學可能會問，0.343434……這個循環小數怎麼寫成分數呢？數學上把循環小數轉化成分數的方法是，先數出循環節的位數，例如這裡循環節是 34，兩位數，再利用循環節除以循環節位數個 9，也就是 $0.343434\cdots\cdots = \frac{34}{99}$。一切看起來是那麼完美！

• • • • • • •

三、第一次數學危機

在畢達哥拉斯學派為自己的成就沾沾自喜時，一個學派內部

你猜這個斜邊是多少？

的年輕學者希帕索斯提出了一個疑問：「如果一個直角三角形的兩個直角邊都是1，斜邊的長度如何表示成兩個整數的比呢？」

根據畢氏定理，斜邊的長度是 $\sqrt{2}$，但是 $\sqrt{2}$ 如何才能表示成兩個整數的比呢？希帕索斯為這個問題苦苦思索卻沒有答案，只好求助於他的老師——畢達哥拉斯。

天真的希帕索斯以為畢達哥拉斯會給他答案，可是誰知道這個問題居然動搖了畢達哥拉斯學派信仰的基礎——萬物皆是整數（或整數的比）。畢達哥拉斯實在無法解答這個問題，但又不想推翻自己已經建立的對數和宇宙的信仰。

最終，畢達哥拉斯選擇隱藏這個問題，把可憐的希帕索斯扔進愛琴海裡淹死，成為歷史上為探究真理而獻身的人，而畢達哥拉斯則成了歷史上第一位學術界的惡棍——學霸。

這整件事就被人們稱為第一次數學危機。

• • • • • • •

四、危機是如何解決的？

為了解決這個問題，人們引入了無理數的概念：無理數就是無限不循環小數，無法表示成整數的比。例如圓周率 $\pi=3.1415926\cdots\cdots$、自然對數的底 $e=2.71828\cdots\cdots$、$\sqrt{2}$ 等都是無理數。

現在我們知道，數線上的點不是與有理數一一對應，而是與實數一一對應，而實數包含有理數與無理數兩類。

提出實數的概念後，人們又想，如果把 -1 開平方會等於多少呢？任何實數的平方都是非負的，所以 -1 貌似不能開平方。但人們受到希帕索斯的啟發，認為這個數的存在仍有意義，便把這個數稱為虛數 i，並且 $i^2=-1$。

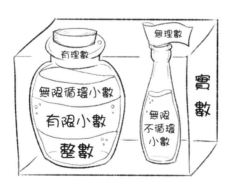

後來人們把實數和虛數又統稱為「複數」。瞧，我們對數的認識愈來愈深刻了！

阿基里斯能追上烏龜嗎？
── 第二次數學危機

第二次數學危機是關於一個奇怪的數 ──「無窮小」的爭論。這個爭論的源頭依然要追溯到古希臘時代。

一、芝諾悖論

約西元前 495 年，古希臘學霸畢達哥拉斯去世了。這時，一個五歲的孩子正在牙牙學語，他叫做芝諾。

芝諾也是古希臘數學家，提出了一系列悖論以反駁時間與空間的連續性和變化問題，例如有一個悖論稱為「阿基里斯永遠追不上一隻烏龜」。

古希臘傳說中有一位跑得最快的英雄阿基里斯，是希臘聯軍第一勇士，海洋女神忒提斯和英雄佩琉斯之子。阿基里斯出生後，忒提斯捏著他的腳踝，將他浸泡在冥河斯堤克斯中，使他全

身刀槍不入，唯有腳踝因被手握著，沒有沾到冥河水，成為他唯一的弱點。在特洛伊戰爭中，他被敵人射中腳踝而死。

有一天，阿基里斯遇到一隻烏龜，牠對阿基里斯說：「不要以為你跑得快，你永遠也追不上我。」

阿基里斯問：「為什麼呢？」烏龜向他解釋道：

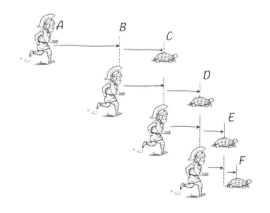

開始比賽時，阿基里斯在後方 A 處，烏龜在前方 B 處，二者同時起跑。想追上烏龜，首先要追上烏龜先跑的一段 AB，但在這段時間，烏龜也持續向前跑；當阿基里斯到達 B 處時，烏龜已經跑到 C 處，還沒有追上，雖然此時 BC 的距離小於 AB 的距離。阿基里斯會繼續跑 BC 段，但這段時間烏龜也沒閒著，牠跑到了 D 處，雖然 CD 小於 BC，但阿基里斯還是沒有追上烏龜。

以此類推，阿基里斯和烏龜之間的距離只能不斷縮小，但是永遠都不會歸零。所以，阿基里斯就永遠追不上烏龜啦！

以上就是芝諾悖論。所謂悖論，一般是指同一個命題有兩個對立相反的結論。而芝諾對阿基里斯追烏龜問題的解釋不是推出對立的結論，而是完全違背常理，其實稱為「詭辯」更加合適。

二、這個詭辯錯在哪裡？

要推翻這個詭辯其實並不難。

芝諾將一個追趕過程分割成無限多份：AB、BC、CD、DE、⋯⋯並且認為既然段數無窮多，累加起來的時間自然也是無窮長，所以會追不上。但實際上由於阿基里斯速度快，烏龜速度慢，二者之間的距離會愈來愈近，時間也愈來愈短。無窮多個愈來愈小的時間之和，並不一定是無窮長。

為了更加清楚地解釋這個問題，我們把追趕過程畫在一條數線上，並且假設 AB 之間距離為 L。為了方便起見，假設阿基里斯的速度是烏龜速度的二倍。

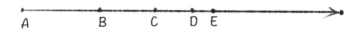

根據速度的二倍關係，相同時間內，阿基里斯運動的距離就是烏龜的二倍，所以阿基里斯走過 $AB=L$ 時，烏龜走過的距離為 $BC=\frac{L}{2}$；阿基里斯走過 BC 時，烏龜走過的距離為 $CD=\frac{L}{4}$……顯然第 N 次追趕的距離是 $\frac{L}{2^{N-1}}$，如果 N 無限大，這個長度就無限接近 0，稱為「無窮小」。

如果阿基里斯要追上烏龜，需要追趕無限多段，將無限多段的距離求和：

$$S=L+\frac{L}{2}+\frac{L}{4}+\frac{L}{8}+\cdots\cdots$$

經過簡單計算就會發現：項數愈多，這個運算式的結果就愈接近 2L。如果項數無窮多，阿基里斯跑過的距離就與 2L 相差無窮小。直到阿基里斯追上烏龜，他跑過的總路程也不會超過 2L。同樣的，如果阿基里斯跑過第一段 AB 的時間是 t，無窮多段之後，阿基里斯追上烏龜，需要的總時間不過是 2t。

莊子曰：「一尺之捶，日取其半，萬世不竭。」說的就是一根一尺長的木棍，每天砍掉它的一半，無論經過多久都砍不完。的確，我們可以把木棍分割成愈來愈短的無限多份，但是加起來依然是一根木棍長，這與芝諾悖論多麼相似！

• • • • • • •

三、無窮小和導數：微積分的基礎

芝諾最早提出無窮小的概念，只可惜希臘文明衰落後，歐洲的科學一直沒有太大進步。直到文藝復興時代來臨，在牛頓等一大批科學家的帶領下，科學才重新蓬勃發展起來。

我們知道牛頓是偉大的物理學家，也是偉大的數學家，他提出的牛頓二項式定理、牛頓二分法和微積分，都是近代數學的輝煌成就。

微積分在物理上的應用非常廣泛，人們利用它解決了很多複雜的問題。微積分中有一個概念：導數。

在一個函數圖形上任意取兩個點 P 和 M，計算二者縱坐標差 $\Delta y = y_2 - y_1$ 與橫坐標差 $\Delta x = x_2 - x_1$，$\dfrac{\Delta y}{\Delta x}$ 就稱為「兩個點連線的斜率」。

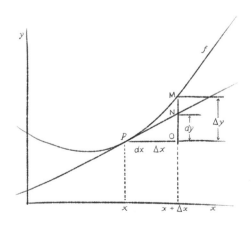

如果 M 點愈來愈接近 P 點，PM 的連線就會變成過 P 點的切線，而這條切線的斜率就稱為「P 點的導數」。導數可以寫成 $f'(x) = \lim\limits_{\Delta x \to 0} \dfrac{\Delta y}{\Delta x}$，這裡 lim 就叫「極限」，$\Delta x$ 就稱為「無窮小」。

. . . .

四、第二次數學危機

本來一切看起來都很自然，但是英國大主教貝克萊率先對微積分發難：「無窮小到底是一個什麼樣的數？它是 0 嗎？如果是 0，為什麼在求導時可以做分母？如果不是 0，又怎麼能說剛才計算的是一個點的切線斜率，而不是兩個點連線的斜率呢？」

從牛頓發明微積分到十九世紀二〇年代，關於無窮小到底是怎樣的一個數，一直沒有統一的認識。經過阿貝爾、柯西、康托爾等人的努力，直到十九世紀七〇年代，人們才確立起極限基本定理，讓無窮小有了一個合理的解釋。從牛頓發明微積分開始計算，已經過去了三百年；而從芝諾最早提出的無窮小概念，已經過去了二千五百年。

數學就是這樣，為了一個看似簡單的概念，可以爭論幾百年，甚至幾千年。

我說的是假話
── 第三次數學危機

　　「我說的是假話」看似平淡無奇，但是在數學上，卻稱得上是一個悖論。因為如果這句話是真的，按照字面意思，它就是一句假話；如果這句話是假的，就會得到和字面意思相反的結論：這是一句真話。悖論就是一個論述卻可以得到兩個互相矛盾的結論。

我說的是假話，你猜這句話是真話還是假話？

一、理髮師悖論

　　英國數學家羅素提出了與之相似的著名悖論：理髮師悖論。

　　從前有一個村子裡只有一名理髮師。這個理髮師有點怪，他的理髮店門口貼了一張告示，寫著右圖的這段文字。

我幫城裡所有不自己刮鬍子者刮鬍子，我也只幫這些人刮鬍子。

也就是說，村子裡的人分為兩類，第一類會自己刮鬍子，第二類從不自己刮鬍子。而這名理髮師不幫第一類的人刮鬍子，只幫第二類的人刮鬍子。

二、集合論的問題

有一天，一位顧客來到店裡看到了這張告示，他就問了理髮師一個問題。

理髮師突然發現自己非常尷尬，因為如果回答自己刮鬍子，他就是第一類人，按照他的規矩，就不應該幫

自己刮鬍子；如果回答不自己刮鬍子，他就是第二類人，按照規矩，他又應該幫自己刮鬍子。當然，這只是羅素悖論的通俗說法。羅素悖論是關於數學中集合論的一個矛盾而提出的。

什麼是集合呢？所謂集合，是由某些確定元素構成的整體。例如：$A = \{1，2，3\}$ 是一個集合，裡面有三個元素，分別是 1、2、3；$B = \{x|x \text{ 是偶數}\}$ 是一個集合，包含所有的偶數，有無限多個元素；$C = \{x|x \text{ 是拖拉機}\}$ 是一個集合，任何一輛拖拉機都是這個集合的元素。

但是集合的元素必須是確定的，所以有些概念不能構成集合，例如「美女的集合」就是一種錯誤的說法，因為一個人美不

美會因為其他人的感受而異,不具有確定性。

元素與集合的關係有「屬於∈」和「不屬於∉」兩種,例如 1 是集合 A 的元素,但是不是集合 B 的元素,寫成 $1 \in A$,$1 \notin B$。

明白了這些,就可以討論羅素悖論的數學表達了。羅素說:「設集合 S 是所有不屬於自身的集合構成的集合,即 $S = \{x | x \notin S\}$。那 S 是否屬於自身呢?若 S 屬於自身,S 就不滿足集合所規定的元素性質,不應該屬於自身 S;若 S 不屬於自身,S 就滿足集合所規定的元素性質,應該屬於自身 S。這樣一來,這個集合就得到自相矛盾的結果,與理髮師悖論如出一轍。

其實,羅素主要是一個哲學家、邏輯學家、教育學家和文學家,並且獲得了諾貝爾文學獎。

三、第三次數學危機

不好意思,做了一點微小的貢獻!

羅素為什麼要提出這個數學悖論呢?

二十世紀初,數學界籠罩在一片喜悅祥和的氣氛之中。法國大數學家龐加萊在 1900 年的國際數學家大會上公開宣稱:數學的嚴格性,現在看來可以說是實現了。他說這句話是有依據的,那就是德國數學家康托爾所創立的集合論。

二千多年以來,人類一直沒有弄清楚無窮的概念,例如全體正整數 1、2、3、4……以及全體正偶數 2、4、6、8……都是

無窮多個，那麼誰比較多呢？

也許有人會說：一定是正整數多啊！多了 3、5、7……這些奇數，但實際上兩個無窮大是不能這樣比較的。

康托爾利用集合論向人類指出：如果兩個集合中的元素可以建立一一對應的關係，這兩個集合的元素個數就會一樣多。例如正整數集合可以和正偶數集合建立一一對應關係：每個整數的兩倍剛好對應一個偶數，即 $x \notin \{$ 整數 $\}$，$y \notin \{$ 偶數 $\}$，$y = 2x$，所以正整數集合和正偶數集合元素個數是一樣多的。

集合論為數學奠定堅實的基礎，許多概念不清的問題利用集合論得到了完美的解釋。數學家希爾伯特高度讚譽康托爾的集合論是「數學天才最優秀的作品」，是「人類純粹智力活動的最高成就之一」。

但是，從集合論誕生的那一天起，針對集合論的詰難和各種悖論沒有停止過。尤其以 1902 年的羅素悖論最為知名，數學家們只享受了集合論帶來的短暫祥和，馬上又陷入一種無法解決的危機之中，因為集合論已經成為現代數學的基礎，滲透到數學的各個分支當中，因此集合論的這個悖論才會引起這麼多關注。「理髮師悖論」就被稱為第三次數學危機。

由於這個問題遲遲得不到解決，康托爾承受著巨大的精神壓力，最終精神失常，死在哈勒大學的精神病院裡。時至今日，第三次數學危機依然沒有完美解決，數學家們只是透過人為添加一些限制條件以回避悖論的出現。無論如何，康托爾做為最偉大的數學家之一，會永遠被人銘記在心。

3.1415926……

──圓周率的計算

圓周率 π 是一個十分重要的數，也是一個很神奇的數。從古希臘時代開始，由於科學研究和工程技術的需要，圓周率的計算一直沒有停止過。直到今天，圓周率依然是檢驗電腦計算能力的方法之一。日本某個出版社居然出了一本一百萬位圓周率的書《円周率 1000000 桁表》，全書只有一個數字：π。

一、阿基米德：π ≈ 3.14

西元前 300 年左右，古希臘數學家歐幾里得在著作《幾何原本》裡將幾何的基礎簡化成幾條公理。其中一條公理是：過一點以某個長度為半徑可以做一個圓。根據相似形可知：任何一個圓的周長與直徑的比都是一個常數，稱為「圓周率 π」。

如果使用一根軟繩測量圓的周長，再除以圓的直徑，只能得到圓周率大約等於 3 的結果，更加精確的結果只能依賴計算。

第一個把 π 計算到 3.14 的人是古希臘的阿基米德，我們都知道他的名言：「給我一個支點，我可以撬起地球。」阿基米德是第一個發現槓桿原理和浮力定律的人，是一位物理學家，同時也是一位數學家。西元前 212 年，羅馬士兵進攻敘拉古國，城破之後，阿基米德被羅馬士兵殺死。傳說他臨死時被羅馬士兵逼到一個海灘，還在海灘上畫圓，並且對士兵說：「你先不要殺我，我不能留下一個不完善的幾何問題給後世。」

阿基米德計算圓周率的方法是雙側逼近：使用圓內接正多邊形和外切正多邊形的周長來近似圓的周長。正多邊形的邊數愈多，多邊形周長愈接近圓的邊長。

阿基米德最終計算到正 96 邊形，並得出 π≈3.14 的結果。阿基米德死後，古希臘遭到羅馬士兵的摧殘，敘拉古國滅亡，古

希臘文明衰落，西方圓周率的計算從此沉寂了一千多年。

二、劉徽和祖沖之：π ≈ 3.1415926

　　阿基米德死後五百年，中國處於魏晉時期，著名數學家劉徽將圓周率推演到小數點的後四位，並在著作《九章算術注》中詳細闡述自己的計算方法。

劉徽的演算法與阿基米德大致相同，但是劉徽提出了正 N 邊形邊長 L_N 與正 $2N$ 邊形邊長 L_{2N} 的遞推公式，並且計算到圓的內接正 3072 邊形，得到 π 的值大約是 3.1416。

　　又過了二百年，中國數學家祖沖之橫空出世。

　　祖沖之使用「綴術」將圓周率的值計算到小數點後第七位，指出：3.1415926<π<3.1415927，這個結果直到一千多年後才被西方超越。

　　遺憾的是「綴術」的計算方法已經失傳，華羅庚等科學家認為祖沖之的方法仍然是割圓法。但如果要得到這個精度，需要分割到 24576 邊形，從正六邊形出發，還需要反覆

我覺得老祖還是在用割圓法！

運算劉徽的公式十二次。而且在反覆運算的過程中，必須保證有充裕的有效數字，否則就會影響最後的結果。祖沖之透過什麼神奇的方法確保計算的準確性，至今仍是一個謎。

看到這裡也許有的讀者已經躍躍欲試，我們能不能仿照阿基米德和劉徽的方法計算圓周率呢？

三、割圓法到底是什麼？

其實這個問題也沒那麼難，我們不妨簡單推導一下：首先做一個半徑為 1 的圓。

設圓的內接正 N 邊形的邊長為 L_N，如右圖 AB 所示。

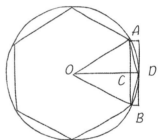

將正 N 邊形變為正 $2N$ 邊形，邊長 L_{2N}，如右圖 BD 所示。

在三角形 BCD 中列畢氏定理：

$$BD = \sqrt{BC^2 + CD^2} = \sqrt{\left(\frac{1}{2}AB\right)^2 + (OD - OC)^2}$$

其中 $AB = L_N$，$OD = 1$，而 OC 又可以在三角形 OCB 中利用畢氏定理計算：

$$OC = \sqrt{OB^2 - BC^2} = \sqrt{1 - \left(\frac{1}{2}L_N\right)^2}$$

根據以上計算可以得到遞推式： $L_{2N} = \sqrt{2 - \sqrt{4 - L_N{}^2}}$ 。

當 $N=6$ 時，圓內接正六邊形邊長剛好與圓的半徑相等，$L_6=1$，用這個正多邊形近似圓的周長，可以得到圓周率 $\pi\approx\dfrac{6L_6}{2R}=3$。

當 $N=6$ 時，根據遞推公式，得到 $L_{12}=\sqrt{2-\sqrt{4-1}}=\sqrt{2-\sqrt{3}}$，用這個正多邊形近似圓的周長，可以得到 $\pi\approx\dfrac{12L_{12}}{2R}=3.1$。

按照這個方法一直計算下去，就可以得到更加精確的結果。當然，時至今日，人們已經發明出各式各樣計算 π 的方法。例如歐拉就提出使用級數方法計算 π 的值：$\dfrac{1}{1^2}+\dfrac{1}{2^2}+\dfrac{1}{3^2}+\cdots\cdots=\dfrac{\pi^2}{6}$。

這種方法比使用割圓法快得多，也方便得多。

話說，你能背出幾位的 π 呢？我能背出小數點後二十二位，這是因為小時候看過一個故事：

有位老師整天不務正業，喜歡到山上找廟裡的和尚喝酒。每次臨行前留給學生的作業都一樣：背誦圓周率。開始的時候，每個學生都苦不堪言。後來有一位聰明的學生靈機一動，想出個妙技，把圓周率的內容與眼前的情景聯繫起來，編了一段順口溜：

山巔一寺一壺酒 (3.14159)，爾樂苦煞吾 (26535)，把酒吃 (897)，酒殺爾 (932)，殺不死 (384)，樂爾樂 (626)。

披薩中的數學
—— 微積分的基本觀念

小學的時候我們就學過圓面積公式，其中 $S=\pi r^2$ 是圓面積，π 是圓周率，r 是圓的半徑。大家還記得這個公式是怎麼得到的嗎？

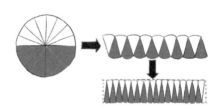

- - - - - - -

一、圓面積公式

首先畫一個圓，半徑為 r，周長為 C。我們知道圓的周長與直徑的比定義為圓周率，因此 $C=2\pi r$，這個公式就是圓周率 π 的定義，是不需要推導的。

再把圓分割成許多個小扇形，就像把一塊披薩分割成很多片。將這些扇形披薩一正一反地拼在一起，就形成一個接近於長方形的圖形。

可以想像，如果圓分

我喜歡披薩

你知道怎麼把披薩捲成長方形嗎？

割得愈細，拼好的圖形就愈接近長方形；如果圓分割成無限多份，拼起來就是一個嚴格的長方形了，而且這個長方形面積與圓面積相等。我們要求圓的面積，只需求出長方形的面積就可以了。

顯然這個長方形的寬就是圓的半徑 r，而長方形的長是圓周長的一半 $\frac{1}{2}C=\pi r$，根據長方形面積公式「長方形面積＝長 × 寬」，我們得到圓面積公式：$S=r\times\pi r=\pi r^2$。

其實這個推導過程很簡單，先無限分割，再把這無限多份求和。分割就是微分，求和就是積分，這就是微積分的基本觀念。

二、牛頓與萊布尼茲之爭

大家知道微積分是誰發明的嗎？

從古希臘時代開始，數學家們就已經利用微積分的觀念處理問題了。例如阿基米德、劉徽等人，在處理與圓相關的問題時都用到這種觀念，但當時微積分還沒有成為一種理論體系。直到十七世紀，由於物理學中求解運動 —— 天文、航海等問題愈來愈多，對微積分的需求愈來愈迫切，於是英國著名數學家、物理學家牛頓和德國哲學家、數學家萊布尼茲分別發明了微積分。

1665 年，牛頓從劍橋大學畢業，當時二十二歲，原本應該留校工作，但英國突然爆發瘟疫，導致學校關閉，只好回到家鄉躲

避。在隨後的兩年裡，牛頓遇到了他的蘋果，發明流數法，發現了色散，並提出萬有引力定律。

流數法就是我們所說的微積分，但牛頓當時沒有把它看得太重要，只是把它做為一種很小的數學工具，是自己研究物理問題的副產品，所以不急於將這種方法公之於眾。

十年之後，萊布尼茲了解到牛頓的數學工作，與牛頓進行短暫的通信。1684 年，萊布尼茲做為微積分發明的第一人，連續發表了兩篇論文，正式提出微積分的觀念，比牛頓提出的流數法幾乎晚了二十年。但是在論文中，萊布尼茲對他與牛頓之間通信的事隻字未提。

牛頓憤怒了。身為歐洲科學界的學術權威，牛頓透過英國皇家科學院公開指責萊布尼茲，並刪除了巨著《自然哲學的數學原理》中有關萊布尼茲的部分。

萊布尼茲也毫不示弱，對牛頓反脣相譏，兩個科學巨匠的爭論直到二人去世依然沒有結果。我們今天談到的微積分公式，還被稱為「牛頓－萊布尼茲公式」。

他們在自己的著作中刪除對方的名字，而後人卻總是把他們的名字寫在一起。如果他們知道現在微積分公式的名字，又會做何感想呢？歷史就是這麼有趣。

三、微積分能做什麼？

　　為了讓大家更了解微積分及其應用，我們再來計算一個面積：有一塊三條邊為直線，一條邊為曲線的木板，並且有兩個直角，希望求出木板的面積。

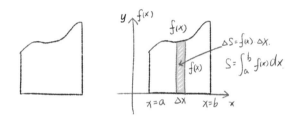

　　為了求出這個面積，先把木板放在一個坐標系內，底邊與 x 軸重合。左右兩邊分別對應 $x=a$ 和 $x=b$，而頂邊曲線滿足函數 $f(x)$。函數就是一種對應關係：每個 x 對應的縱坐標高度是 $f(x)$。

　　如果把這個圖形用與 y 軸平行的線進行無限分割，那每一個豎條都非常接近於一個長方形。長方形的寬是一小段橫坐標 Δx，高接近於 $f(x)$，所以一個豎條的面積就是 $f(x)\Delta x$。

　　現在我們把無限多的小豎條求和，就是木板的面積，寫為 $S=\int_a^b f(x)dx$，其中 a 叫做下限，b 叫做上限，$f(x)$ 叫做被積函數，這個運算式就是積分，表示 $f(x)$、$x=a$、$x=b$ 和 x 軸四條線圍成的圖形面積。

　　怎麼樣？雖然微積分的計算比較複雜，但是明白其中的原理還是十分簡單的，對不對？

一筆畫能寫出「田」字嗎？
—— 歐拉與柯尼斯堡七橋問題

只用一筆畫，既不離開紙面，也不重複，能寫出「田」字嗎？這實際上是十八世紀一個經典的數學問題：柯尼斯堡七橋問題。

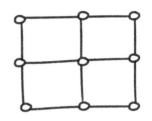

一、柯尼斯堡七橋問題

普魯士的柯尼斯堡（今俄羅斯加里寧格勒州）有個公園，裡面有七座橋將普列戈利亞河中的兩個島嶼與河岸連接起來。1736年，當地居民舉辦了一項有意思的健身活動：一次走過七座橋，每座橋只能經過一次，而且起點與終點必須是同一座橋。

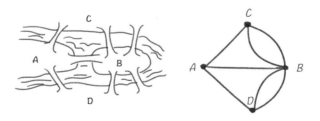

有許多人進行嘗試，但是都失敗了。

二、歐拉的「一筆畫」

能過橋的不是米線，是數學。

當時世界上最偉大的數學家歐拉剛好在這裡，他敏銳地發現這裡蘊藏著深刻的數學內涵，並把它稱為「一筆畫問題」。

歐拉把七座橋畫成七條線段，並把問題轉化為是否可以透過一筆畫將這個圖形畫出來，經過思考，他認為這是不可能的。不僅如此，歐拉還得出了哪些圖形可以一筆畫，哪些不能一筆畫的條件。

首先，歐拉把圖形中的點分為兩種：如果過該點的線段有偶數條，就稱為「偶點」；如果過該點的線段有奇數條，就稱為「奇點」。例如下面圖形中圓圈的點就是偶點，三角形的點就是奇點。

歐拉指出：如果一個圖形可以一筆畫成，那麼它的奇點個數一定是0個或2個。

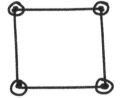 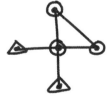

如果奇點個數是 0 個，起點和終點就是同一個點，從圖形中任何一點出發都可以一筆畫（如上圖左）。

如果奇點個數是 2 個，那麼只能從一個奇點出發，畫到另一個奇點，才能將圖形畫出來（如上圖右）。

理解這個問題其實並不難，因為：如果一個點既不是起

點，也不是終點，那麼線段經過該點時必然會一進一出、成對出現，一定是偶點；如果一個點既是起點，又是終點，那麼該點有一條出發線段和一條結束線段，也是偶點；如果這個點只是出發點，或者只是結束點，這樣才可能是奇點。所以，如果從一點出發，一筆畫回到這個點，圖形中就不會有奇點；如果從一點出發，一筆畫到另一點，圖形中就會有兩個奇點。

我們來看看「日」是否能一筆畫。由於日字腰上的兩個點有三條線段，因此是奇點，其餘點都有兩條線段，是偶點。因此日字可以一筆畫，而且必須從腰上的一點出發到另

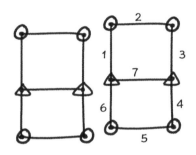

一點結束，按照圖中 1、2、3、4、5、6、7 的順序就能畫出來了。

我們再來看看柯尼斯堡七橋問題。

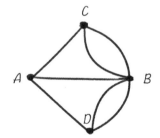

在這個圖形中過 A、C 或 D 各有三條線段，是奇點；過 B 有五條線段，也是奇點。圖中有四個奇點，因此左圖不能一筆畫。說了這麼多，讀者是不是可以看看「田」字中有幾個奇點？能不能一筆畫成呢？

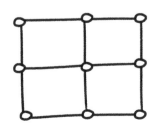

• • • • •

三、天才歐拉

歐拉向聖彼德堡科學院提交《柯尼斯堡的七座橋》論文時年僅二十九歲，在解答問題的同時，他開創了數學的一個新的分支——圖論與幾何拓撲。

二十九歲天才少年！

歐拉是一個天才，在數學史上的地位與牛頓在物理學史上的地位一樣偉大，我們在研究數學時經常看到歐拉公式、歐拉定理、歐拉函數。他十三歲進入大學學習，十六歲就獲得碩士學位，二十八歲時因為生病導致右眼失明；晚年時，左眼也失明了。即使在雙目失明的情況下，歐拉依然憑藉心算解決許多數學問題。

他不光是數學史上里程碑式的人物，同時也是一位物理學家，為物理學的發展鋪平了數學的道路。他一生中寫了八百八十六本書籍和論文，聖彼德堡科學院為了整理他的著作，足足忙了四十七年。

不要急，後面還會多次提到這位偉大的數學家。

1+1
—— 陳景潤與哥德巴赫猜想

　　總有小朋友問我：科學家為什麼要研究 1+1＝2 這麼簡單的問題？要討論什麼是「1+1」，得從十八世紀說起。

. . . . .

一、哥德巴赫和「1+1」

這就是朕為你打下的江山！

　　十八世紀初，也就是中國的清朝時期。俄羅斯偉大的君主彼得大帝修建了一座新城 —— 聖彼德堡，並全面學習歐洲。

　　彼得大帝從歐洲引進了一批科學家來建設新的國家，其中就有德國數學家哥德巴赫，他最初是一名中學教師，後來在聖彼德堡擔任聖彼德堡帝國科學院教授，1728 年開始擔任彼得二世（彼得大帝的孫子）的宮廷教師。

　　哥德巴赫在研究中發現：很多偶數都可以分解成兩個質數的和。

　　什麼是質數呢？質數也被稱為「素數」，只有 1 和它本身兩

個因數。例如 2、3、5、7、11、13、17 等都是質數，因為除了 1 和它本身外，這些數都沒有其他因數。

與之對應的另外一種數是合數：除了 1 和它本身，還有其他因數。例如 6 是合數，因為它有因數 1、2、3、6；8 是合數，因為它有因數 1、2、4、8；9 是合數，因為它有因數 1、3、9。

> 一個偶數可以分為兩個數的和，一個是質數，另一個也是質數。

哥德巴赫的猜想就是：任何一個大偶數（$x \geq 4$）都可以被分解成兩個質數的和。

例如，$4=2+2$，$6=3+3$，$8=3+5$，$10=3+7$。

是不是所有偶數都能這樣呢？這就構成了一個猜想，並被稱為「$1+1$」。

哥德巴赫無法證明這個猜想，於是寫信向著名數學家歐拉求助。歐拉是堪稱「超群絕倫」的科學家，到目前為止，還沒有哪位數學家的成就能超過歐拉，但連這麼厲害的人也無法解答這個問題。

> 歐拉大神，求助攻！

哥德巴赫

> 愛莫能助！

歐拉

於是這個問題流傳下來，並困擾數學界二百多年。二十世紀，人們對這個問題展開圍攻。

1920 年，挪威的布朗證明了「$9+9$」。

1924 年，德國的拉特馬赫證明了「$7+7$」。

1932 年，英國的埃斯特曼證明了「$6+6$」。

1937 年，義大利的蕾西證明了「5＋7」。

1938 年，蘇聯的布赫夕太勃證明了「5＋5」。

1940 年，蘇聯的布赫夕太勃證明了「4＋4」。

1956 年，中國的王元證明了「3＋4」。

1962 年，中國的潘承洞證明了「1＋5」。

1962 年，中國的王元證明了「1＋4」。

1965 年，蘇聯的布赫夕太勃證明了「1＋3」。

什麼是「1＋3」呢？就是說一個大偶數一定可以分解成一個質數和不超過三個質數乘積之和的形式，即證明了對於任何一個大偶數 x，一定可以分解成 $x=a+b$、$x=a+bc$ 或 $x=a+bcd$ 的形式，其中 a、b、c、d 都是質數。

· · · · · · ·
二、陳景潤和「1＋2」

中國數學家陳景潤又做了些什麼呢？

陳景潤是中國著名數學家，他的中學數學老師是國立清華大學航空系主任，上課時喜歡講一些科學故事，例如哥德巴赫猜想。

老師說：「數學是科學的王后，而數論是王后的王冠，哥德巴赫猜想就是王冠上一顆璀璨的明珠。」

陳景潤對這顆明珠非常感興趣，便致力於研究這個問題，後來到廈門大學讀書，畢業後被分配到北京一所中學當數學老師。他不善於與人交流，講課講得很差，和學生的關係也不好，還經

常生病，有人說他是高分低能。但是廈門大學校長慧眼識珠，認定陳景潤是廈大最優秀的畢業生，便將他調回廈大工作。

回到廈大後，陳景潤專心研究數學，並把研究成果寄給了北京的華羅庚。華羅庚當時已是享譽全球的數學家，一眼看中陳景潤，便把他調到中科院數學所擔任研究員。

回到北京後，陳景潤還是不與人交流，而且當時正在「文革」期間，學術環境很不好。但就在這樣艱苦的條件下，他卻用幾麻袋的演算紙證明了「1+2」。任何一個大偶數都可以分解成一個質數及不超過兩個質數的乘積之和。即證明對於一個大偶數 x，可以被分解成 $x=a+b$ 或 $x=a+bc$，其中 a、b、c 都是質數。

從「1+3」到「1+2」，看似是一小步，但實際是一個很大的成就，被稱為「陳氏定理」，獲得了國際公認。

遺憾的是，陳景潤依然沒有證明「1+1」，雖然看起來他距離「1+1」只有一步之遙，但直到今天，「1+1」仍然是一個謎。我們也期待著新的科學巨匠出現。

所以，「1+1」的含義是一個質數加一個質數，而不是「1+1」為什麼等於2。

最厲害的民科是誰？
—— 費馬大定理

「民科」最初是民間科學愛好者的簡稱，意思是「愛好科學，但是並不在科學體系內工作的人」。這回帶大家了解一下被稱為「民科之王」的法國律師 —— 費馬。

一、費馬的一個猜想：費馬數

費馬是十七世紀的法國律師，業餘時間研讀了很多數學著作，經常會提出自己的猜想，而且他的思想與眼光一點都不輸給專業數學家，對解析幾何、微積分、數論、物理學都有重大貢獻，是那個時代法國最偉大的數學家。

他經常會去圖書館閱讀數學書籍，而且會在書的空白處寫下自己的猜想，因此誕生了許多數學史上困擾人們的難題。有的難題困擾了世界幾十年，有的甚至困擾了幾百年。

例如，費馬曾經提出猜想：$2^{2^n}+1$ 對於所有的正整數 n 都得到一個質數。

$n=0$，$2^{2^0}+1=2^1+1=3$ 是質數。

$n=1$，$2^{2^1}+1=2^2+1=5$ 是質數。

$n=2$，$2^{2^2}+1=2^4+1=17$ 是質數。

$n=3$，$2^{2^3}+1=2^8+1=257$ 是質數。

$n=4$，$2^{2^4}+1=2^{16}+1=65537$ 是質數。

1640 年，費馬提出這個猜想，使得無數數學家絞盡腦汁思索了九十多年，直到「超群絕倫」的數學家歐拉出現之後，這個問題才得以解決。

歐拉在 1732 年指出：費馬這個猜想是錯誤的，因為 $n=5$，$2^{2^5}+1=2^{32}+1=4294967297=641×6700417$ 不是一個質數。

有人會問再算一個數就可以了，為什麼需要花九十多年的時間呢？這是因為大數的質因數分解非常困難，人們還沒有找到一種方法可以判斷一個很大的數是不是質數，只能透過一個、一個因數進行嘗試，目前的密碼學也是基於這一原則。

不過，歐拉證明了 $n=5$ 不是質數之後，人們又計算了幾個

費馬數，發現從 $n=5$ 開始，直到 $n=11$，都不是質數。例如 $n=11$ 時，這個數是：

$2^{2048}+1=$

32,317,006,071,311,007,300,714,876,688,669,951,960,444,102, 669,715,484,032,130,345,427,524,655,138,867,890,893,197,201,411, 522,913,463,688,717,960,921,898,019,494,119,559,150,490,921,095, 088,152,386,448,283,120,630,877,367,300,996,091,750,197,750,389, 652,106,796,057,638,384,067,568,276,792,218,642,619,756,161,838, 094,338,476,170,470,581,645,852,036,305,042,887,575,891,541,065, 808,607,552,399,123,930,385,521,914,333,389,668,342,420,684,974, 786,564,569,494,856,176,035,326,322,058,077,805,659,331,026,192, 708,460,314,150,258,592,864,177,116,725,943,603,718,461,857,357, 598,351,152,301,645,904,403,697,613,233,287,231,227,125,684,710, 820,209,725,157,101,726,931,323,469,678,542,580,656,697,935,045, 997,268,352,998,638,215,525,166,389,437,335,543,602,135,433,229, 604,645,318,478,604,952,148,193,555,853,611,059,596,230,657

它等於

319,489×974,849×167,988,556,341,760,475,137×3,560,841, 906,445,833,920,513×173,462,447,179,147,555,430,258,970,864, 309,778,377,421,844,723,664,084,649,347,019,061,363,579,192,879, 108,857,591,038,330,408,837,177,983,810,868,451,546,421,940,712, 978,306,134,189,864,280,826,014,542,758,708,589,243,873,685,563, 973,118,948,869,399,158,545,506,611,147,420,216,132,557,017,260, 564,139,394,366,945,793,220,968,665,108,959,685,482,705,388,072,

645,828,554,151,936,401,912,464,931,182,546,092,879,815,733,057,
795,573,358,504,982,279,280,090,942,872,567,591,518,912,118,622,
751,714,319,229,788,100,979,251,036,035,496,917,279,912,663,527,
358,783,236,647,193,154,777,091,427,745,377,038,294,584,918,917,
590,325,110,939,381,322,486,044,298,573,971,650,711,059,244,462,
177,542,540,706,913,047,034,664,643,603,491,382,441,723,306,598,
834,177

　　於是人們又猜想，是不是從 $n=5$ 開始，費馬數都是合數呢？雖然我們已經有了電腦，但是這個問題到現在還沒有解決。不僅如此，就連 $n=12$ 這個數如何進行質因數分解都還不知道，它還有一個 1187 位的因數沒有被分解。因為費馬數實在是太大了。

· · · · · · ·
二、費馬的另一個猜想：費馬大定理

　　相較於費馬數，費馬還有一個更著名的猜想，現在稱為「費馬大定理」或「費馬最後定理」。

　　「當整數 $n>2$ 時，關於 x，y，z 的方程 $x^n+y^n=z^n$ 沒有正整數解。」

　　$n=1$，這個方程變為 $x+y=z$，顯然有無限多解；

　　$n=2$，這個方程變為 $x^2+y^2=z^2$ 是勾股數，也是無限多組解；那麼當 $n=3$、4、5、……時，有沒有正整數解呢？

　　費馬管殺不管埋，1637 年提出猜想後自稱已經證明，但空白太小就不寫了。一百五十年後，神一般的數學家歐拉也只證明

了 $n=3$ 時沒有正整數解的情況。

　　這個問題困擾了數學界三百五十年，在這三百五十年中，世界上一流的數學家如歐拉、高斯、劉維爾、柯西等人都參與過猜想的證明。這個定理一次次被人們宣布證明完畢，又一次次被證明推導過程有問題。但在人類向這個猜想發起挑戰的過程中，產生了許多數學成果，很多數學分支都由此而誕生。

　　還有一件有趣的事情是 1908 年時，德國實業家沃爾夫斯凱爾臨終時設立了沃爾夫斯凱爾獎：凡是能在他死後一百年內證明費馬大定理的人，可以得到十萬馬克的獎勵。之所以設立這個獎項，是因為他年輕時為情所困，有一天決心在午夜自殺，但晚上偶然看到了費馬猜想，就充滿興趣地開始證明，不知不覺天都亮了，他發現數學非常有意思，也不想自殺的事了。後來成為企業家之後，年年不忘費馬的救命之恩，所以就設立了沃爾夫斯凱爾獎。

　　1955 年，日本數學家谷山豐提出了谷山豐猜想，是一個關於橢圓曲線的問題。

　　人們發現這個曲線似乎與費馬猜想有著密切的聯繫。最終在
1995 年，英國數學家安德魯‧懷爾斯證明了費馬猜想，因而由
此更名為費馬大定理。懷爾斯把證明發表在《數學年刊》第 141
期，實際占滿了全期，共五章，一百三十頁，題目為〈模型橢圓
曲線和費馬大定理〉。1996 年，懷爾斯獲得沃爾夫斯凱爾獎；
1998 年，獲得數學界的諾貝爾獎——菲爾茲獎。

　　費馬一生從沒接受過專業的數學教育，卻成為十七世紀法國
最偉大的數學家，不僅如此，他還讓後代無數數學家為之痴狂。
讓我們記住這個超級「民科」的名字：費馬。

1.9

怎樣傳小紙條？
—— 密碼學的基本原理

　　大家上學時是不是都傳過小紙條？傳小紙條時怎樣才能不被人偷看呢？假如小紅把「Love」傳給小綠，但由於距離遠，必須透過小黃。在這個過程中，小黃可能會偷看紙條內容。怎樣才能防止小黃偷看呢？小紅決定對資訊進行加密。

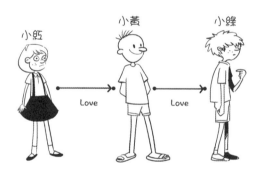

一、對稱加密

　　放學時，小紅偷偷告訴小綠：「以後我寫給你的話，都會往後推一個字母，例如 L 變成 M，o 變成 p，v 變成 w，e 變成 f。你收到紙條後，把內容減去一個字母，就知道我想說什麼了。這樣一來，就算小黃偷看紙條內容，也不知道我們在說什麼。」

　　以上的過程就是密碼學中最基本的加密演算法：對稱加密。也就是說，我們把明文 (Love) 按照一定的金鑰 (−1) 加密成密文 (Mpwf)，對方接收後，再利用同樣的金鑰 (−1) 進行解密，就再次得到明文 (Love)。

　　不過這種加密方法面臨很多問題，例如小黃雖然不知道金鑰是什麼，但他可以不斷地用各種方法嘗試金鑰，例如在英文中二十六個字母出現頻率是不同的。只要截獲大量的密文，就可以利用頻率法猜出金鑰，從而破解密碼。

　　為此，小紅和小綠只好不停更換金鑰，每天放學都要商量隔天的金鑰是什麼。但萬一哪天兩人放學沒有商量好，或者商量金鑰時被小黃偷聽到了，密碼就有可能被破譯。商量金鑰的過程就稱為「金鑰分發」，而金鑰分發是對稱加密演算法最大的風險。那怎麼辦呢？

二、非對稱加密

　　兩人想出了一種新的方法：首先小綠拿著一個沒有鎖上的空盒子，這個盒子只要一扣就可以鎖上。他讓小黃把盒子傳給小紅，小紅再把小紙條放進盒子裡，將盒子扣上，再透過小黃把盒子傳給小綠。盒子的鑰匙只有小綠有，拿到盒子後，再用鑰匙打開就可以拿到小紙條了。

　　這種方式就是現代更加保密的加密方式：非對稱加密。也就是加密過程（鎖箱子）方法是公開的，而解密過程使用的金鑰（鑰匙）是不公開的，而且加密過程的金鑰（鎖）和解密過程的金鑰（鑰匙）不同。小黃可以截獲箱子，也知道加密方法，但由於沒有鑰匙，無法打開箱子，所以就不知道資訊內容是什麼了。

　　有同學可能要問，小黃不能透過一次次嘗試找出鑰匙嗎？這就取決於這把鎖是否足夠複雜了。

　　透過前面兩小節的內容，我們已經知道大數的質因數分解非

常困難，在密碼學中也利用了這一點設計加密和解密演算法。這種演算法除了窮舉，還沒有找到更快的計算方式，而窮舉所花費的時間非常長，從而保證了密碼的安全。而且小綠可以不停地更換鎖頭和鑰匙，這個過程無須與小紅進行溝通，也就解決了金鑰分發的問題。

三、RSA 演算法

具體的過程是怎麼實現的呢？我們來介紹一種經典的加密演算法：RSA 演算法。

RSA 演算法是 1977 年麻省理工學院的三名數學家羅納德、薩莫爾、阿德曼共同提出，RSA 就是他們三個人名字的首字母組成。這種加密演算法基於歐拉定理等數學工具，具體演算法是：

假如小紅要把一個數字 m 傳輸給小綠，那麼過程是這樣的：

小綠首先找出兩個質數 p 和 q，計算它們的乘積 n，並把乘積傳遞給小紅，在傳輸過程中，小紅可以利用 n 對傳輸的內容 Love 進行加密，並把加密後的結果返回給小綠。小綠拿到密文後，需要利用原來的兩個質數 p 和 q 才能進行解密。在這裡 n 相當於箱子（公開金鑰），p 和 q 相當於鑰匙（私密金鑰）。

在這個過程中，小黃可以截獲大數 n 和密文，但如果要解密，必須使用私密金鑰 p 和 q，要知道 p 和 q，就必須對 n 進行質因數分解。

　　根據我們之前所說的，大數的質因數分解非常困難，計算一個費馬數都花了九十多年。雖然現在有了電腦，而且計算能力飛速提高，但是報導過曾被破解的 RSA 演算法中，n 最大只有 768 位二進位數字，而現在所使用的 RSA 演算法大數 n 普遍有 1024、2048 或 4096 位二進位數字，這麼大的數位在有限的時間內，電腦也無法進行質因數分解，於是就保證了密碼的安全性。

　　不過，根據科學家的研究，如果量子電腦被發明出來，大數的質因數分解時間就會大大縮短，傳統密碼就會面臨風險。不過大家不用擔心，到時候，科學家們會想出更好的方法進行加密。

1.10

平行線存在嗎？
—— 歐幾里得幾何與非歐幾何

　　什麼是平行線？許多同學都會說：「太簡單了，就是兩條不相交的直線。而且我們在國中就學過，過直線外一點，只能做一條已知直線的平行線。」其實，這個問題並沒有那麼簡單，人們認清平行線的問題花了二千多年。

一、歐幾里得幾何

　　古希臘數學家歐幾里得的著作《幾何原本》共十五卷，研究深入透徹，二千多年以來一直是數學幾何部分的主要教材，被翻譯成多種文字在世界上流傳。直到今天，數學家們仍然要借助書中平面幾何的點、線、面和立體模型來開展數學研究。

　　在《幾何原本》中，歐幾里得提出了五個基本假設，即所謂「公理」，公理是不可證明的。

1. 任意兩點確定一條直線。

2. 任意線段能延長成一條直線。

3. 以一點為圓心、一個線段為半徑可以做一個圓。

4. 所有直角都相等。

5. 過直線外一點有且只有一條直線與已知直線平行。

歐幾里得從這五個公理出發，推導出一系列定理。這五個基本假設和推導出的定理被稱為「歐幾里得幾何」，也就是中學時學習的幾何。例如一個典型結論就是：三角形的內角和是180度。

二、羅巴切夫斯基幾何

雖然幾何研究取得許多令人滿意的成果，但是人們發現：第五公理的表述比較複雜。現在說的是簡化版本，歐幾里得最初的

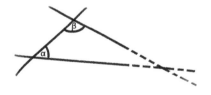

表述是：若兩條直線都與第三條直線相交，並且在同一邊的內角和小於兩個直角和，則這兩條直線在這一邊必定相交。

一些數學家懷疑這並不是公理，而是可以透過前四個公理推導出來的定理。於是在很長一段時間裡，很多數學家都試圖攻克這一難題，從前四個公理推導出第五公理，但大多無功而返。

第一個獲得突破的人是俄羅斯數學家羅巴切夫斯基。

羅巴切夫斯基的父親也是數學家，曾為了證明第五公理耗盡一生。當他得知兒子也開始進行第五公理的證明時，寫信給他

說：「千萬不要研究這個問題。我幾乎研究了所有方法，最後都失敗了，我不希望你也陷入這個泥沼。」

然而，羅巴切夫斯基並沒有聽從父親的建議。他採用一種與前人不同的方法：前人都是研究如何從前四個公理推出第五公理，而他卻反其道而行，將第五公理修改為「過直線外一點至少有兩條直線與已知直線平行」。那麼假如第五公理可以證明，修改後，它必然與前四個公理相互矛盾，於是利用前四個公理和修改後的第五公理，透過演繹方法推導平面幾何定理，一定能找到這個矛盾，接著就可以順藤摸瓜證明第五公理了。按照這個思路，羅巴切夫斯基用歐幾里得的前四個公理與修改後的第五公理推導了平面幾何中的所有定理，而且沒有發現矛盾。他終於明白：第五公理的確是公理，不可以透過前四個公理證明。

既然第五公理不可證明，是一種假設，那我們也可以更改這種假設。於是羅巴切夫斯基將第五公理改為：過直線外一點有多條直線與已知直線平行，創立了自己的幾何：羅氏幾何。

羅氏幾何中很多規律與歐幾里得幾何不同，例如最典型的三角形內角和。在羅氏幾何中，三角形內角和不是 180 度，而是小於 180 度，具體的數值與三角形的面積有關：三角形面積愈大，內角和愈小；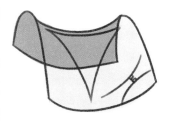如果三角形面積無限大，內角和甚至可以為零。我們可以想像在雙曲面上畫三角形，內角和就小於 180 度，所以羅氏幾何也叫做雙曲幾何。

1826 年，三十四歲的羅巴切夫斯基在喀山大學物理數學系

學術會議上，宣讀了他的第一篇關於非歐幾何的論文。但論文一提出就受到傳統數學家們的嘲諷，人們對非歐幾何的評價是「莫名其妙」。後來，羅巴切夫斯基被推選為喀山大學校長，即便如此，數學界對他的成就始終沒有認可。

其實在羅巴切夫斯基提出非歐幾何理論時，世界上最頂尖的數學家、與歐拉齊名的數學之王、德國數學家高斯早就有了這種思想的萌芽。但高斯因為害怕新幾何會激起學術界的不滿和社會的反對，進而影響他的尊嚴和榮譽，所以生前一直不敢將這一重大發現公諸於世。當他看到羅巴切夫斯基的工作後，私下向朋友說羅巴切夫斯基是俄羅斯最優秀的數學家，並決心學習俄語來了解他的著作，但是在公開場合卻從未對非歐幾何表示任何支持。

羅巴切夫斯基在抑鬱中走完一生，但是歷史最終給了他公正，他死後人們才認識到非歐幾何的巨大意義。1893年，在喀山大學豎立起世界上第一個為數學家而雕塑的塑像，這位數學家就是俄羅斯的偉大學者、非歐幾何的重要創始人 —— 羅巴切夫斯基。

三、黎曼幾何

既然羅巴切夫斯基可以把第五公理中平行線條數改為多條，我們也可以改為一條都沒有。於是德國數學家黎曼將

第五公理修改為：過直線外一點沒有任何一條直線與已知直線平行，就創立了黎曼幾何，也稱為「橢圓幾何」。

在黎曼幾何中，直線可以無限延長，但是總長度是有限的，而且不存在平行線的概念。也許有讀者會問，地球的兩條緯線難道不是平行的嗎？簡單來講，在球面上，只有大圓（圓心在球心的圓）才能稱為「直線」，而任意的兩個大圓都必然是相交的。

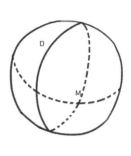

黎曼幾何在愛因斯坦廣義相對論中有很大的作用，這是因為空間本身並不是平直的，而是彎曲的。傳說愛因斯坦在研究廣義相對論時遇到了很大的數學困難，直到他發現黎曼幾何這個有力的工具，才順利地用數學表達了自己的思想。

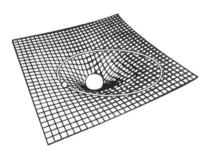

數學就是這樣，從假設與邏輯出發，演繹出許多結論。數學家們在研究數學時，也許並不知道在生活中有什麼應用，但正是數學家開創性的工作，才讓其他學科的科學家更加方便地解釋這個世界。

四維空間是怎麼樣的？

—— 歐幾里得空間

我們經常在科幻電影或科幻小說裡看到四維空間，有人說四維空間就

正曲率　　負曲率　　平面曲率

是三維空間加上時間軸，這種說法是錯誤的。三維空間加時間軸是在相對論中使用的閔考斯基四維時空，而不是傳統的四維空間。上一節我們說到了幾何分為歐幾里得幾何和非歐幾何，區別在於第五公理不同。有時候我們也稱歐幾里得幾何空間為平直空間，而非歐幾里得空間稱為「彎曲空間」。

我們這次來研究歐幾里得幾何中的高維空間，三維以下的歐幾里得空間比較容易理解：零維就是一個點、一維就是一條線、二維就是一個平面、三維就是一個立體。我們的想像力就到此為止了，因為我們生活的空間就是三維。

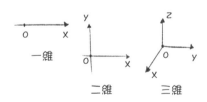

零維　　一維　　二維　　三維

但是維度是一個數學概念，數學可以解釋宇宙，但不需要為宇宙負責，也就是說，數學可以突破宇宙維度的限制。我們可以按照低維空間的規律向上推演，就可以得到高維空間的性質了。

· · · · · · ·
一、高維立方體

　　首先，我們會發現：N 維度空間就是過空間中任意一點可以做 N 條相互垂直的直線的空間。例如零維空間就是一個點，不能做出相互垂直的直線；一維空間是一條線，過任意一點可以做出一條直線；二維空間是一個面，過其中任意一點可以做出兩條相互垂直的直線；三維空間是立體，過空間中任意一點可以做出三條相互垂直的直線。

　　以此類推，N 維空間就是過空間中任意一點可以做出 N 條相互垂直的直線的空間。

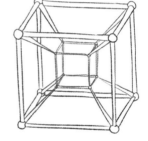

　　以四維空間為例，過其中任意一點可以做出四條相互垂直的直線。我們可以想像成兩個三維立方體可以在這個空間中進行點點連接，造成每過一頂點都有四條直線相互垂直。

　　也許有讀者說：「不對啊！過每個點都有四條線，我看出來了，但是這四條線並不是相互垂直的啊！」

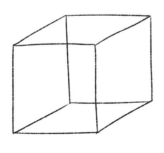

這是因為我們生活在三維空間中，沒辦法畫出四維圖形，只能畫出四維圖形在三維空間中的投影。這就好像在紙上畫一個立方體，每條邊看起來也不是相互垂直。只不過我們生活在三維空間中，可以想像出這個立方體，所以在腦子中我們認為三條邊是垂直的。

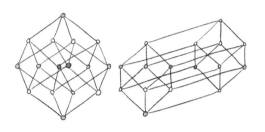

但是，我們沒見過四維空間，所以不太好想像四維立方體中過一點的四個邊是如何相互垂直的。而且選取的投影面不同，四維立方體在三維空間中的投影圖形長得也不一樣。例如上面二種畫法，就是四維立方體在三維空間的不同投影圖。

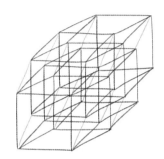

同理，五維空間就是過其中任意一點可以做出五條相互垂直的直線的空間。圖形畫起來就更複雜了！

二、高維空間中的點

我們如何才能確定空間中的一個點呢？這就需要使用解析幾何的知識了。解析幾何是由法國學者笛卡兒開拓，是一種利用代數方法研究幾何問題的數學分支。

利用解析幾何，我們可以在空間中建立一個坐標系，由相互垂直的數線所構成。這樣一來，空間中的點都可以用一個坐標表示，N 維空間中的坐標點包含有 N 個數位。例如：一維空間坐標系就是一根數線，每個點的坐標都是一個數字；

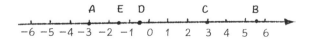

二維空間坐標系稱為「平面直角坐標系」，是兩根相互垂直的數線，每個點的坐標是一對數字 $(x，y)$，分別稱為橫坐標和縱坐標。

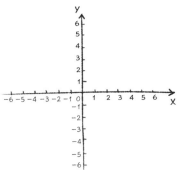

三維空間坐標系是三條彼此垂直的數線，空間中每一個點的坐標都是三個數字 $(x，y，z)$，分別表示該點在三個數線上對應的坐標。

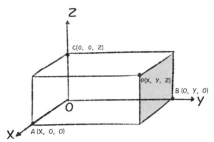

這樣一來，N 維空間中的點就需要一個 N 維坐標表示，也就是說，需要 N 個數位合併在一起才能表示出空間中的一個點。如果是四維空間中的一個點，就需要四個坐標 $(x，y，z，t)$ 才能表示。

● ● ● ● ● ● ●
三、高維空間的距離

我們還可以定義出「空間距離」這個量。在低維空間中，兩個點的空間距離就是兩點之間一條線段的長度。

在一維空間中，兩點 $P_1(x_1)$ 和 $P_2(x_2)$ 之間的距離為：

$$s = |x_1 - x_2| = \sqrt{(x_1 - x_2)^2}$$

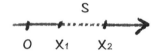

在二維空間中，兩點 $P_1(x_1，y_1)$ 和 $P_2(x_2，y_2)$ 之間的距離可以用畢氏定理計算，為：

$$s = \sqrt{(x_1 - x_2)^2 + (y_1 - y_2)^2}$$

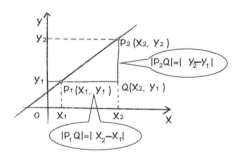

在三維空間中，兩點 $M_1(x_1，y_1，z_1)$ 和 $M_2(x_2，y_2，z_2)$ 之間的距離也可以透過兩次畢氏定理得到：

$$s = \sqrt{(x_1 - x_2)^2 + (y_1 - y_2)^2 + (z_1 - z_2)^2}$$

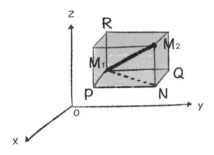

以此類推，在四維空間中，需要四個變數 $(x，y，z，t)$ 才能表示一個點的坐標。兩點 $(x_1，y_1，z_1，t_1)$、$(x_2，y_2，z_2，t_2)$ 之間的距離計算公式為：$s = \sqrt{(x_1 - x_2)^2 + (y_1 - y_2)^2 + (z_1 - z_2)^2 + (t_1 - t_2)^2}$ 。

按照這種方法，我們甚至可以計算 N 維空間的兩點間距離，這個距離稱為「N 維空間的空間間隔」。

空間間隔 s 是個很重要的量，如果坐標系選取不同，每個點的坐標就不同，但是空間距離保持不變。例如在平面直角坐標系中，我們採用實線坐標系和虛線坐標系，A 和 B 兩點的坐標都是不同的。但是在這兩個參考系下，計算的空間間隔都相等，這是因為線段 AB 的長度並不隨著坐標系的變化而變化。

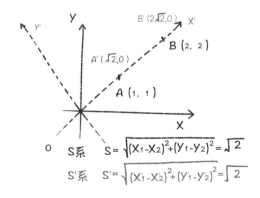

・・・・・・・
四、什麼是降維打擊？

　　高維空間和低維空間有什麼聯繫呢？其實 N 維空間沿某維度的投影是 $N-1$ 維空間。投影這個概念如果不好理解，我們可以理解為「切一刀」，例如：

　　如果在直線上切一刀，斷面是一個點；如果在平面上切一刀，斷面是一條線；如果在立方體上切一刀，斷面是一個平面；同理，在四維空間任意切一刀，都會切出三維空間。

　　劉慈欣的小說《三體》中談到了降維打擊，大致也是這個意思。把三維空間沿著某條稜壓縮，就會變為一個平面，好比把我們壓縮成平面人了，那我們不就死定了。

　　除了《三體》，還有許多科幻小說也對高維空間有所討論，如愛德溫・阿伯特在《平面國》中講述了在一個扁平得像一張紙的二維世界中的故事。在這個正方形的眼中，生活在三維世界中的人們擁有近乎神的力量，因為他們能在不打破（二維的）保險箱的情況下從中把東西取出，能看到所有在二維世界看來是被擋在牆後面的東西，甚至能站在離二維世界幾英寸的地方來保持「隱形」。

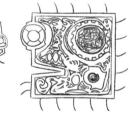

　　總而言之，高維空間與低維空間在數學上都沒有什麼區別。只是使用三維空間就很好地解釋了我們生活的世界，所以人們才感覺四維和四維以上的空間如此難以理解。我們必須明白，數學只是理解世界的工具，它並不需要為我們理解世界而負責。

數學家能在賭場中贏錢嗎？

—— 機率論

我們經常聽到這樣的故事：一個數學家進了賭場，透過專業能力贏了一大筆錢。現實生活中可能發生嗎？

你們玩的是賭博，數學家玩的是機率論。

惠更斯

十七世紀荷蘭數學家、物理學家和天文學家惠更斯最早研究了賭場中的數學問題。他的著作《論賭博中的計算》使用機率論對賭博的結果進行分析，被認為是機率論的開端。

● ● ● ● ● ●

一、百家樂

在賭場中，有些賭博遊戲需要技術，但更多是全憑機率和運氣。例如常見的賭場遊戲：百家樂。這是一種發撲克牌比大小的遊戲，荷官會將八副牌混合在一起，發給莊家和閒家各二～三張牌。下注後開牌，莊家和閒家各自手中牌的點數相加，尾數大的贏。

這個遊戲顯然有三種可能：莊大、閒大和平局。玩家如果下

注莊大或閒大,獲勝後都會獲得下注彩金等額的獎金(一賠一);若下注平局,會獲得下注彩金九倍的獎金(一賠九)。哪一種下注方法更容易賺錢呢?

你問公不公平我不知道,但我可以算一算。

李永樂

這個問題比較複雜,我們簡化為一個更加簡單的骰子遊戲。遊戲規則如下:

1. 兩個不透明的罐子分別屬於莊家和閒家,裡面各有一個骰子,每個骰子有一～六點。

2. 搖晃後下注押莊大、閒大、平。

3. 打開罐子比較,如果押大、小獲勝,一賠一;如果押平獲勝,一賠五。

請問這個規則是否公平?

＊＊＊＊＊＊

二、古典概型

解決這個問題需要採用古典概型,就是一個過程共有 N 種可能的結果,而且每種結果發生的可能性相同。其中,事件 A 包含 M 種可能,事件 A 的機率就等於 M 和 N 的比,即 $P(A) = \dfrac{M}{N}$。例如,一個班級裡有五十名同學,二十名男生,三十名女生,如果隨機抽取一個人,就有五十種可能的結果。「抽到男生」這個事件包含二十種可能的結果,因此抽到男生的機率就是 $P(男生) = \dfrac{20}{50} = \dfrac{2}{5}$。

在這個遊戲中，兩個骰子都有六種可能的結果，因此兩個骰子的組合有 $N=36$ 種可能的結果，每種結果出現的機率都是 $\frac{1}{36}$。

閒　家　點　數						
	1	**2**	**3**	**4**	**5**	**6**
莊家點數 **1**	平	閒大	閒大	閒大	閒大	閒大
2	莊大	平	閒大	閒大	閒大	閒大
3	莊大	莊大	平	閒大	閒大	閒大
4	莊大	莊大	莊大	平	閒大	閒大
5	莊大	莊大	莊大	莊大	平	閒大
6	莊大	莊大	莊大	莊大	莊大	平

如果兩個骰子的點數相同，就有 1～1、2～2、……、6～6 共計 $M=6$ 種可能，因此出現平局的機率為：$P(平)=\frac{M}{N}=\frac{6}{36}=\frac{1}{6}$。

也就是說，如果押平，贏的機率是 $\frac{1}{6}$，輸的機率是 $\frac{5}{6}$。

· · · · · ·
三、數學期望值

假設以一元下注，按照賠率，贏了就拿走六元，輸了就不拿錢，平均能獲得多少錢呢？

我們用輸贏兩種情況下的收益乘以相應的機率再相加，就可以計算出一個平均值。這個值在數學上稱為「期望值」，意思就是從統計意義上講，每一次遊戲結束後，平均可以拿回來的錢。

$$E = 6 \times \frac{1}{6} + 0 \times \frac{5}{6} = 1$$

這說明：平均來講，每局遊戲以一元下注，平均可以拿走一元。即如果一直押平，而莊家不出千，機率上講玩家是不賠、不

賺的。

我們再來看押大小。從表格中可以看出，莊大和閒大都包含十五種可能，因此按照古典概型，任何一邊大的機率都是：

$$P = \frac{15}{36} = \frac{5}{12}$$

也就是說，押兩邊任何一邊大，贏的機率都是 $\frac{5}{12}$，輸的機率是 $\frac{7}{12}$。還是假設以一元下注，押兩邊任何一邊大，贏了都拿走二元，輸了不拿錢，最後獲得的數學期望值都是：

$$E = 2 \times \frac{5}{12} + 0 \times \frac{7}{12} = \frac{5}{6}$$

我們會發現：押一元給任何一邊大，統計意義上都會拿回 $\frac{5}{6}$ 元，也就是說，平均會賠 $\frac{1}{6}$ 元，是不划算的。

• • • • • • •
四、能利用數學賺錢嗎？

也許有讀者據此分析，只要一直押平就可以不賠錢了。但是以上分析完全是建立在賭場不出千，純憑機率的基礎上。如果賭場出千，無論採取什麼策略，玩家都必輸無疑。

還有的讀者會說，既然我知道各種情況下的機率，那我可以透過觀察來提高自己的勝率。例如平局的機率是 $\frac{1}{6}$，莊大的機率是 $\frac{5}{12}$，如果連續二次開出平局，又連續開出五次莊大，那麼接下來的五次就一定是閒大了。

這種說法是錯誤的，因為機率的意義是在開牌之前計算各種

我不知道怎麼贏，但我知道你是怎麼輸的。

情況的可能性大小，一旦開牌，可能性就會變成確定性。而連續二次開牌之間並無實質聯繫，就算連續開一百次平局，下一局是平局的機率依然是 $\frac{1}{6}$，不會減小。

簡單來說，數學會告訴你錢是怎麼輸的，但是不能幫助你贏錢。在電影《雨人》中，主角的哥哥患有自閉症，但是卻具有超強的記憶力，靠著記憶力記下八副牌的順序，贏了一大筆錢。而現實生活中是不可能的，因為荷官洗牌時並不會給你時間記牌，而當發牌到少於一定數目時，又會重新開始洗牌。想憑藉數學或記憶力在賭場裡賺錢是異想天開。

買彩券能中大獎嗎？
—— 排列、組合和機率

許多人在茶餘飯後喜歡買張彩券，五十元一注，中獎當然好，中不了哈哈一笑就算了。也有人把買彩券當成一份事業，花許多時間研究，又花許多錢買彩券。彩券的走勢真的有規律可循嗎？長期買彩券到底是虧是賺？

一、排列三

我們先來研究一個簡單的彩券玩法：排列三，也叫做3D球。

這種彩票的基本玩法是：二元人民幣一注，從 000 ～ 999 選擇一個數（三位），開獎時開出一個號碼（三位），若下注的三位數和開獎的三位數數位和順序都相同即可中獎，否則沒中獎。例如下注時選擇 052，開獎時第一顆球是 0，第二顆球是 5，第三顆球是 2，即可中獎。如果中獎，獎金為 1040 元。

我們不妨從數學上計算一下中獎機率，再計算一下期望值。

已知開獎時每顆球都有十種可能，三顆球開出三個號碼，排列起來共有一千種可能，也就對應著下注時 000 ～ 999 這一千組

數字。由於每顆球開出的數字均為隨機，每種可能性機率相等，所以依然是一個古典概型。

中獎包含多少種可能呢？因為只有一個中獎號碼，因此中獎只有一種可能。這樣一來，中獎的機率就是 $P = \dfrac{1}{1000}$。

中獎得 1040 元，機率為 $\dfrac{1}{1000}$；沒中獎得 0 元，機率為 $\dfrac{999}{1000}$，所以玩一次返還的彩金期望值是：

$$E = 1040 \times \frac{1}{1000} + 0 \times \frac{999}{1000} = 1.04$$

也就是說，花二元下注，平均可以拿回 1.04 元，虧 0.96 元。

二、組選六

排列三還有另一種玩法稱為組選六，意思是說：開獎時的三個數位與下注的三個數位相同即可中獎，不限次序。例如開獎是 052，下注時選擇 052、025、520、502、250、205 皆可中獎，中獎獎金為 173 元。那麼這種玩法的返獎期望值又是多大呢？

　　已知開獎結果依然是一千種可能，每種可能性機率都相同，同樣是古典概型。中獎時只要三個數位相同，而順序可以隨意調換。這就涉及一個概念：排列數。將 N 個物體按照一定的順序進行排列，請問共有多少種排列方法呢？

　　例如把籃球、足球、排球放在有順序的三個盒子裡，首先研究第一個盒子，可以任意放一顆球，所以有三種方法；在第一個盒子放好球之後，第二個盒子就只有二種球可以選擇，所以有兩種方法；前兩個盒子放好後，只剩下一個盒子和一種球，因此最後一個盒子只有一種放球的方法。所以三顆球放進三個盒子的方法數為 $3 \times 2 \times 1 = 6$ 種。我們稱 3 的全排列等於 6。

　　同樣，如果有 N 顆球，放進有順序的 N 個盒子裡，稱為「N 的全排列」，公式為：

$$A_N^N = N \times (N-1) \times (N-2) \times \cdots \times 1$$

　　我們下注三位號碼後，可以隨意調換順序，需要把這三個數位全排列，無論這三個數字是什麼，都有六種排列方法，中獎的可能就從一種變為六種。

　　如此一來，中獎的機率就變成 $P = \dfrac{6}{1000} = \dfrac{3}{500}$。

　　中獎得 173 元，機率為 $\dfrac{3}{500}$；沒中獎得 0 元，機率為 $\dfrac{497}{500}$，返獎期望值為：

$$E = 173 \times \frac{3}{500} + 0 \times \frac{497}{500} = 1.038$$

　　也就是說，平均下注一次組選六，可以拿回 1.038 元，相較於直選玩法還少 0.002 元。

莊家

不管你選哪種玩法，反正都是我贏。

．．．．．．
三、雙色球

　　相較於排列三，還有更讓人熱血沸騰的彩券玩法：雙色球。

　　雙色球有一～三十三共三十三顆紅球，還有一～十六共十六顆藍球。二元下注，在紅球中選六顆，藍球中選一顆。開獎時開出六顆紅球和一顆藍球，如果開出的紅球與下注完全相同（不計順序），藍球也與下注相同（不計順序），即可中大獎五百萬！

二元中五百萬！
簡直逆天了！

　　數學會告訴我們什麼呢？為了研究這個問題，我們首先需要了解一個概念：組合數。

從 N 個不同的數位中選擇 M 個，不計次序，一共有多少種選擇呢？

例如從 1、2、3、4、5、6 六個數字中選三個，但是不計次序。我們可以按照下面的方法：

首先選一個數字，有六種選擇方法。

從餘下的數字中再選一個，有五種方法。

從餘下的數字中再選一個，有四種方法。

所以一共的方法個數是：6×5×4＝120 種選擇。

但如果選擇的數字是 a、b、c 三個，按照剛才的演算法，在一百二十種可能中，abc、acb、bca、bac、cab、cba 算成不同的情況；按照不計次序的規則，這六種情況應該算作一種。於是我們必須將 120 除以 6，才能得到不計次序的選擇方式個數：二十種。這裡除掉的 6 其實就是 3 的全排列。

同理，從 N 個數位中選擇 M 個數位，首先從 N 開始乘，乘 $N-1$，乘 $N-2$……一共乘 M 個數字，得到計次序時的結果；接著再除以 M 的全排列，得到不計次序的結果。公式寫為：

$$C_N^M = \frac{N(N-1)(N-2)\cdots(N-M+1)}{1\times 2\times 3\times\cdots\times M}$$

（N 中取 M 計算次序的可能）

（N 中取 M 不計次序的可能）　（M 個數字排列的可能）

明白這個演算法，我們就可以計算雙色球中大獎的機率。

首先計算開獎結果一共有多少種可能。從三十三顆紅球中選六顆，可能的結果有：

$$C_{33}^6 = \frac{33 \times 32 \times 31 \times 30 \times 29 \times 28}{1 \times 2 \times 3 \times 4 \times 5 \times 6} = 1107568$$

從十六顆藍色球中選一顆，顯然有十六種可能結果。

所以開獎結果一共的可能數為 $1107568 \times 16 = 17721088$。

也就是說，雙色球的開獎結果大約有一千七百萬種可能，而且每一種開獎結果的可能性都相同。如果花二元錢買一注，只能買一種可能，因此中獎的機率為大約一千七百萬分之一。

中大獎能拿到五百萬，扣掉 20% 的稅，還剩下四百萬，於是數學期望值為：

$$E = 400萬 \times \frac{1}{1700萬} + 0 \times \frac{1700萬 - 1}{1700萬} = 0.235$$

也就是說，如果只奔著大獎去，平均買一注彩票，只能拿回 0.235 元。

當然，雙色球還有二～六等獎，每一種獎的獎金和對應機率都不同，尤其是一等獎和二等獎，採用浮動獎金制度，計算起來更加繁瑣。根據中國福利彩票發行管理中心公布的中獎規則，雙色球返獎率大約為 50%，也就是說，花二元錢下注，大獎、小獎全算上，統計上講，平均可以拿回一元，而另一元就是給福利事業做貢獻了。

天氣預報為什麼常常不準？
—— 條件機率

許多人說，現在科學這麼發達，為什麼天氣預報常常不準呢？這涉及一個數學問題，稱為「條件機率」。

什麼是條件機率呢？例如我們要確定 6 月 15 日是不是下雨，根據往年資料，

下雨的機率有 40%，不下雨的機率為 60%，這就稱為「機率」；如果在前一天，天氣預報說 6 月 15 日下雨，這就稱為「條件」；在這種條件下，6 月 15 日真正下雨的機率就稱為「條件機率」。

. . . .

一、下雨和不下雨

天氣預報根據一定的氣象參數推測是否會下雨，由於天氣捉摸不定，即便預報下雨，也有可能是晴天。假設天氣預報的準確率為 90%，即在預報下雨的情況下，有 90% 的機率下雨，有 10% 的機率不下雨；同樣，在預報不下雨的情況下，有 10% 的機率下雨，有 90% 的機率不下雨。

　　這樣一來，6 月 15 日的預報和天氣就有四種可能：預報下雨且真的下雨，預報不下雨但是下雨，預報下雨但是不下雨，預報不下雨且真的不下雨。我們把四種情況列在下面的表格中，並計算相應的機率。

	下雨	不下雨
預報下雨	40%×90%＝36%	60%×10%＝6%
預報不下雨	40%×10%＝4%	60%×90%＝54%

　　計算方法就是兩個機率的乘積。例如下雨機率為 40%，下雨時預報下雨的機率為 90%，因此預報下雨且下雨這種情況出現的機率為 36%；同理，我們可以計算出天氣預報下雨但是不下雨的機率為 6%，二者之和為 42%，這就是天氣預報下雨的機率。

　　在這 42% 的可能性中，真正下雨占 36%，比例為 $\frac{36\%}{42\%} \approx 85.7\%$，而不下雨的機率為 6%，占 $\frac{6\%}{42\%} \approx 14.3\%$。也就是說，假設天氣預報的準確率為 90%，預報下雨的條件下，真正下雨的機率只有 85.7%。

　　我們會發現：預報下雨時是否真的下雨，不光與預報的準確度有關，同時也與這個地區平時下雨的機率有關。

• • • • • •

二、生病和沒生病

與這個問題類似的是在醫院進行重大疾病檢查時，如果醫生發現異常，一般不會直接斷定生病，而會建議到大醫院再檢查一次，雖然這兩次檢查可能完全相同。為什麼會這樣呢？

假設有一種重大疾病，患病人群占總人群的比例為 $\frac{1}{7000}$。也就是說，隨機選取一個人，有 $\frac{1}{7000}$ 的機率患病，有 $\frac{6999}{7000}$ 的機率沒有患病。

有一種先進的檢測方法，誤診率只有萬分之一，也就是說，患病的人有 $\frac{1}{10000}$ 的可能性被誤診為健康人，健康人也有 $\frac{1}{10000}$ 的可能性被誤診為患病。我們要問：在一次檢查得到患病結果的前提下，這個人真正患病的機率有多大？

	患病	健康
檢測患病	$\frac{1}{7000} \times \frac{9999}{10000} = \frac{9999}{70000000}$	$\frac{6999}{7000} \times \frac{1}{10000} = \frac{6999}{70000000}$
檢測健康	$\frac{1}{7000} \times \frac{1}{10000} = \frac{1}{70000000}$	$\frac{6999}{7000} \times \frac{9999}{10000} = \frac{69983001}{70000000}$

我們仿照剛才的計算方法，檢測出患病的總機率為：

$$\frac{9999}{70000000} + \frac{6999}{70000000} = \frac{16998}{70000000}$$

而患病且檢測出患病的機率為 $\frac{9999}{70000000}$。

所以在檢測患病的條件下，真正患病的機率為 $\frac{9999/70000000}{16998/70000000}$ $= \frac{9999}{16998} \approx 58.8\%$。

顯而易見，即便是萬分之一誤診的情況，一次檢測也不能完全確定這個人是否患病。

原來第一次查出患病的情況下，患病機率才58.8%，不算高，還有希望。

那麼，兩次檢測都是患病的情況又如何呢？

大家要注意，在第一次檢測結果為患病的前提下，此人患病的機率已經不再是所有人群的 $\frac{1}{7000}$，而變為自己的 58.8%，健康的機率只有 41.2%，此處的機率就是條件機率，所以第二次檢測的表格變為：

	患病	健康
檢測患病	$58.8\% \times \frac{9999}{10000} \approx 58.794\%$	$41.2\% \times \frac{1}{10000} \approx 0.004\%$
檢測健康	$58.8\% \times \frac{1}{10000} \approx 0.006\%$	$41.2\% \times \frac{9999}{10000} \approx 41.196\%$

在兩次檢測都是患病的條件下，此人真正患病的機率為：

$$\frac{58.794\%}{58.794\% + 0.004\%} \approx 99.99\%$$

基本確診了。

. . . .
三、貝式定理

貝葉斯

對這個問題進行詳細討論的人是英國數學家貝葉斯，他指出：如果 A 和 B 是兩個相關的事件，A 有發生和不發生兩種可能，B 有 B_1、B_2、……、B_n 共 n 種可能。在 A 發生的前提下，B_i 發生的機率稱為條件機率 $P(B_i|A)$。

要計算這個機率，首先要計算在 B_i 發生的條件下 A 發生的機率，公式為 $P(B_i)P(A|B_i)$。

然後，需要計算事件 A 發生的總機率，方法是用每種 B_i 情況發生的機率與相應情況下 A 發生的機率相乘，再將乘積相加。

$$P(B_1)P(A|B_1) + P(B_2)P(A|B_2) + \cdots + P(B_n)P(A|B_n)$$

最後，用上述兩個機率相除，完整的貝式定理公式就是：

$$P(B_i|A) = \frac{P(B_i)P(A|B_i)}{P(B_1)P(A|B_1) + P(B_2)P(A|B_2) + \cdots + P(B_n)P(A|B_n)}$$

貝式定理在社會學、統計學、醫學等領域都發揮著巨大作用。

下次遇到天氣誤報、醫院誤診，不要完全怪氣象臺和醫院啦！有時候這是個數學問題。

散戶炒股為什麼總是賠錢？
── 賽局理論（博弈論）基礎

不知道各位讀者有沒有炒股，雖然股市不停地在牛市和熊市之間轉換，但散戶大多數都是賠錢。關於炒股賠錢這件事，有人認為是智商不夠，有人認為是運氣不好。股市裡有沒有什麼更深刻的數學內涵呢？

我就知道賺錢，不知道什麼博弈！

股市類似一種零和遊戲，每個人都希望別人賠錢，而自己賺錢。這就涉及一個數學過程：博弈。博弈的本意是下棋，現在引申為透過一定的策略，使自己的利益最大化。

賽局理論最早是由電腦之父馮·諾依曼提出，經過約翰·奈許等人發揚光大。不同於機率論，賽局理論是指參與者可以主動調整策略，從而獲得最大收益，是現代數學的一個分支，在金融、政治、電腦等領域都有廣泛應用。

• • • • • • •
一、美女與男人的硬幣遊戲

為了理解賽局理論，我們舉一個經典的例子，稱為美女與男人的遊戲。

有一個男人在酒吧裡喝酒，一位美女走過來對他說：我們玩個遊戲吧！規則如下：

1. 每個人手裡各拿一枚硬幣，扣在桌子上（不讓對方看到）。

2. 兩人同時把手拿開，看硬幣的正反面。

3. 如果硬幣都是正面，美女給男人三塊錢；如果都是反面，美女給男人一塊錢；如果是一正一反，男人給美女二塊錢。

從機率論的角度來考慮，很容易認為這是一個公平的遊戲。因為如果兩個人都是隨機扣下硬幣，兩個都正面的機率為 $\frac{1}{4}$，兩個都反面的機率為 $\frac{1}{4}$，一正一反的機率為 $\frac{1}{2}$，男人收益的情況如下：

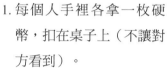

男人收益	😊	😖
😊	3	−2
😐	−2	1

按照機率計算，一次遊戲中，男人收益的數學期望值為：

$$E=\frac{1}{4}\times 3+\frac{1}{4}\times 1+\frac{1}{2}\times(-2)=0$$

也就是說，經過一次遊戲，男人的平均回報為 0，既不賺錢，也不虧錢。事實真是如此嗎？

‧‧‧‧‧‧

二、美女會採用什麼策略？

在這個遊戲中，男人和女人並不是拋硬幣，而是自己選擇出硬幣正面或反面。顯然，男人和女人都不可能一直出正面或一直出反面，因為這樣會被對手抓到規律。但他們依然可以在多次遊戲中將自己出正面的頻率設定在某個值附近，從而獲得統計意義上的收益，使得遊戲從一個機率問題，變成一個博弈問題。

為了解決這個問題，我們假設男人出正面的頻率為 x，出反面的頻率則為 $1-x$；設女人出正面的頻率為 y，出反面的頻率則為 $1-y$。各種情況出現的頻率如表格所示：

機率 頻率	😊	😐
👧	xy	$(1-x)y$
👤	$x(1-y)$	$(1-x)(1-y)$

結合男人的收益表格和頻率表格，男人的收益期望值等於各種情況出現的機率與收益的乘積之和。所以，男人在一次遊戲後的數學期望值是：

$$E = 3xy - 2(1-x)y - 2x(1-y) + (1-x)(1-y) = 8xy - 3x - 3y + 1$$

博弈雙方對這個結果是有不同預期的，女人想讓男人一直賠錢，所以希望男人的收益期望值是負的；而男人想要一直贏錢，所以希望自己的收益期望值是正的。兩人可以採用的策略就是調整自己出正面的頻率 x、y，這兩個頻率都在 0 和 1 之間。

因為遊戲由女人設計，所以不妨從女人的角度思考。女人希望調整自己的正面頻率 y，使得無論男人的正面頻率 x 為多少，不等式 $8xy - 3x - 3y + 1 < 0$ 總是成立。她能達到目的嗎？

我們移項得到 $(8x-3)y < 3x-1$，不等式要分為三種情況：

1. 若 $8x-3=0$，即 $x=\dfrac{3}{8}$，則不等式變為 $0<\dfrac{1}{8}$，這顯然是永遠成立。

2. 若 $8x-3>0$，即 $x>\dfrac{3}{8}$，則不等式變形為 $y<\dfrac{3x-1}{8x-1}$。要保證不等式一直成立，就需要 y 小於 $\dfrac{3x-1}{8x-3}$ 的最小值。

   畫出 $\dfrac{3x-1}{8x-1}$ 的圖像，我們會發現：在 $x>\dfrac{3}{8}$ 和 $x<\dfrac{3}{8}$ 兩個範圍內，函數都是單調遞減。

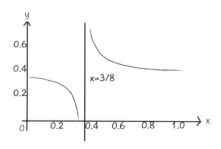

當 $x > \frac{3}{8}$ 時，函數單調遞減，所以 $x=1$ 時，$\frac{3x-1}{8x-3}$ 取得最小值，最小值為 $\frac{3-1}{8-3} = \frac{2}{5}$。所以在 $x > \frac{3}{8}$ 時，使不等式一直成立的解為 $y < \frac{2}{5}$。

3. 若 $8x-3 < 0$，則由於變號原因，不等式變形為 $y > \frac{3x-1}{8x-3}$。要保證這個不等式一直成立，就需要 y 大於 $\frac{3x-1}{8x-3}$ 的最大值。根據圖像，在 $x < \frac{3}{8}$ 時，x 愈小，函數值愈大，$x=0$ 時，函數取得最大值，即 $\frac{3x-1}{8x-3} = \frac{1}{3}$。也就是說，當 $x < \frac{3}{8}$ 時，$y > \frac{1}{3}$ 才能保證不等式永遠成立。

綜上所述，當 y 的取值在 $\frac{1}{3} \sim \frac{2}{5}$ 之間時，無論 x 多大，不等式都會成立。也就是說，如果女人的硬幣出正面的頻率在 $\frac{1}{3} \sim \frac{2}{5}$ 之間，無論男人採取什麼策略，他的收益期望值都是負的，統計意義上一定會賠錢。

三、莊家如何收割散戶？

這是不是很像股市？在股市中，莊家可以操縱股價上下翻飛，讓你心癢癢，就好像美女一般。在莊家拉升股價時，我們做多就可以盈利；莊家打壓股價時，我們做空也可以盈利。但是如果莊家做多，我們做空，或者相反，就會虧損。在這樣的規則下，每個人都覺得自己可能是個幸運兒，可以透過自己的運氣或策略獲得正的收益。

但是事實上，莊家有比散戶更強的控盤能力和模型計算能力，他們會採用一種更好的策略，使得散戶無論採取什麼方式炒股，統計意義上都會賠錢。當然，不排除有些散戶的運氣特別好，在一段時間內大賺了一筆。但即便如此，我們依然要說，在這樣的規則下，長期炒股的散戶才會多數都賠錢。

老闆為什麼對基層員工特別好？
——再談賽局理論

　　不知道大家有沒有發現，公司老闆對基層員工的態度總是特別好，就算員工犯了錯，老闆也是和風細雨。但是老闆對自己的副手和中層主管就沒那麼客氣了，有時候還會隨時提防著。這是為什麼呢？

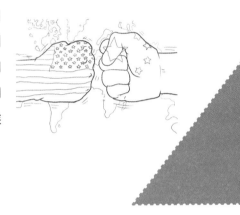

一、三姬分金

　　為了能夠簡單地理解這個問題，我們不妨從一部動畫片《天行九歌》中的橋段〈三姬分金〉說起。

　　在這個橋段中，韓非子去找大將軍姬無夜籌措軍餉。

發現大帳之中除了將軍外，還有三名美女在玩搶金幣的遊戲。韓非子對三位美女說，我們不妨玩得更有趣一些。新的遊戲規則是：

1. 抽籤決定三個人的順序 A、B、C，按照順序進行分金幣
   的提議；

2. 如果提議未能獲得全體人員半數以上（不包括半數）通
   過，提議人被處死，由下一個人提議；

3. 如果提議獲得全體人員半數以上通過，按該提議分金幣，
   遊戲結束。

在這個遊戲規則下，抽到第一名提議的美女非常恐慌，因為
她覺得後面兩個人為了拿更多的金幣，必然會否定自己的提議，
然後殺死自己。但是情況真的是這樣嗎？

．．．．．．．

二、博弈策略

為了使用賽局理論分析這個問題，我們必須先做出幾點假設：

1. 美女都是聰明的，知道自己的決策會導致什麼結果；

2. 美女都是理性的，以自己的利益最大化為目標；

3. 美女都是邪惡的，在利益最大化的前提下，盡量多殺人。

在這樣的假設下，我們開始討論這個問題。

1. 假設 A 被殺了，只剩下 B 和 C，此時無論 B 提出什麼建
   議，C 都可以反對，提議沒有獲得半數以上支持，B 被殺
   死。C 可以拿到全部金幣，還殺掉了兩個人，獲得利益最
   大；

2. B 知道以上結果，所以 B 的策略是絕對不能讓 A 死掉，
   轉而支持 A 的一切提議；

3. A 知道以上結果，有 B 的支持，A 也支持自己，所以 A 的任何提議都會通過，因此 A 的提議是 A100，B0，C0。此時 C 反對已經沒有任何意義了。

最終 A 拿到了全部的金幣，B 和 C 什麼都拿不到。我們可以使用框圖來表示這個過程。

若只剩下 B 和 C，C 會否定 B 的任何提議，B 死，C100。

B 知道以上結果，從而不能讓 A 死，支持 A 的任何提議。

A 知道以上結果，從而提議 A100，B0，C0。

• • • • • • •
三、四個人玩，結果如何？

我們不妨設想如果四個人玩這個遊戲，結果又是如何呢？如果大將軍姬無夜 M 也要玩這個遊戲，並且 M 第一個提議，他會知道以上結果。他知道如果自己死掉，A 會分走全部的金幣，而 B 和 C 什麼都拿不到。而且，四個人要有超過半數同意自己，至少需要三個人支持，除了自己之外，他還需要拉攏兩個人。

顯然拉攏 B 和 C 更好，因為如果自己死掉，B 和 C 什麼都拿不到，於是只要 M 給 B 和 C 每人一枚金幣，自己拿九十八個，B 和 C 就一定支持自己，此時 A 反對已經沒有任何意義了。

所以 M 的提議會是 M98，A0，B1，C1。用框圖表示如下：

若只剩下 B 和 C，C 會否定 B 的任何提議，B 死，C100。

B 知道以上結果，從而不能讓 A 死，支持 A 的任何提議。

A 知道以上結果，從而提議 A100、B0、C0。

M 知道以上結果，要拉攏 B 和 C，從而提議 M98、A0、B1、C1。

　　有人可能會想，A、B、C 為什麼不聯合起來把 M 殺掉，約定殺掉之後，她們每人拿三十三枚金幣？的確，她們可以這樣做，但是當 M 被殺掉後就面臨一個問題：A 會不會反悔呢？假如 M 死了，A 反悔，提議自己拿一百枚，B 和 C 還是什麼也拿不到。

　　當然，B 和 C 此時也可以聯合起來把反悔的 A 殺掉，約定每人拿五十枚金幣。但是如果 A 死了，C 又會不會反悔呢？如果 C 反悔了，B 一定會死。

　　因為每個人都是理性的，又是邪惡的，不會相信其他人的承諾，不敢冒這個風險，所以 M 的分配關係還是會通過。

四、現實生活中的博弈問題

　　在現實生活中，這樣的例子比比皆是。M 就像是一個大公司的老闆，具有先手優勢，因此可以為自己謀取最大利益。B 和 C 屬於基層員工，他們比較安全，但是收益很少。不過 M 特別

喜歡拉攏 B 和 C，就好像很多公司老闆都對基層員工特別照顧，總是施以小恩小惠，因為他們是最好拉攏的。

　　但是 A 的位置很尷尬，既沒有先手優勢，也不屬於大老闆拉攏的對象，要獲得最大利益，就必須殺掉 M，自己成為先手，所以歷史上臣弒君、君殺臣的現象屢見不鮮。

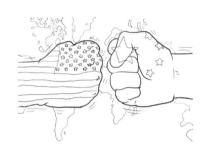

　　國家之間的關係也是一樣。例如美國做為世界老大，總是聯合一些三、四流國家整老二。當年的蘇聯是老二，美國透過意識形態把蘇聯搞垮了；後來日本是老二，廣場協議把日本搞殘了；再來俄羅斯愈來愈厲害，透過石油就把俄羅斯搞廢了；現在中國是老二，美國又透過貿易戰開始搞中國。因為他擔心老二總想取代自己的位置。

　　賽局理論是一種數學結論，在一定的假設條件下成立。現實生活遠遠比模型要複雜，所以請不要把數學結論死套在生活中，也不要用生活中的個別案例來否定數學。

為什麼總是有人開車插隊？
——奈許均衡

有些道路情況非常糟糕，下點小雨或有個事故，就會堵成停車場。主要原因是車太多，但是也有一部分原因是有些司機喜歡插隊、硬切，本來可以走的路就堵死了。為什麼許多人喜歡開車插隊、硬切呢？這其實也是一個數學問題：奈許均衡。

奈許均衡是賽局理論中的一種情況，指的是在一個博弈過程中，博弈雙方都沒有改變自己策略的動力，因為單方面改變策略都會造成自己的收益減少。奈許均衡點可以理解為個體最佳解，但並不一定是集體最佳解。為了解釋這個問題，我們舉兩個最典型的例子：囚徒困境和智豬博弈。

- - - - - -
一、囚徒困境

　　有兩個小偷集體做案被員
警捉住。員警對兩個人分別審
訊，並且告訴他們政策：如果
兩個人都坦白交代犯案過程和
贓物去向就可以定罪，兩個人
各判八年。

　　如果一個人交代，另一個不交代，一樣可以定罪。但交代的
人從寬處罰，教育講習就釋放；不交代的人從嚴處罰，判十年。

　　如果兩個人都不交代，無法定罪，每人各判一年。

　　我們把兩個人的收益情況寫在表格裡，由於判刑是一種懲
罰，所以收益寫成負的。

	B坦白	B抗拒
A坦白	-8, -8	0, -10
A抗拒	-10, 0	-1, -1

　　我們先考慮 A 的決策。A 會想如何才能獲得更大收益呢？
如果 B 坦白了，我坦白就會判八年，抗拒就判十年，為了讓自
己的收益更大，我應該坦白；如果 B 抗拒，我坦白則不用坐牢，
抗拒會判一年，我還是應該坦白。所以最終 A 選擇坦白。

　　B 也會這樣想，因此最終兩個人都坦白，每個人各判八年。

　　而且在兩人都坦白的情況下，沒有任何一方願意單方面改變
決策，因為一旦單方面改變決策，就會造成自己的收益下降。這

個都坦白的點就稱為「奈許均衡點」。

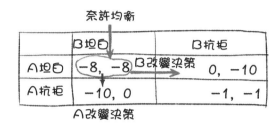

顯然，集體最佳解是兩個人都抗拒，這樣一來，每個人都判一年就出來了。但是奈許均衡點卻不在這裡，這就說明個人理性的結果未必是集體最佳解。

這與開車插隊、硬切的例子很像。如果大家都不插隊、不硬切，是整體的最佳解，但按照奈許均衡理論，任何一個司機都會考慮：無論別人是否插隊，我插隊都可以使自己的收益變大，於是最終大家都會插隊，加劇壅塞，反而不如大家都不插隊走得快。

有沒有辦法使個人最佳變成集體最佳呢？方法就是共謀。兩個小偷在做案之前可以先說好，如果被抓了，一定要選擇抗拒，如果你這一次敢反悔，以後道上就再也不會有人和你一起了。也就是說，在多次博弈過程中，共謀是可能的。但是如果這個小偷想幹完這一票就走，共謀就是不牢靠的。

在社會領域，共謀是靠法律完成。大家約定的共謀結論就是法律，如果有人不按照約定做，就會受到法律的懲罰。透過這種方式保證最終決策從個人最佳的奈許均衡點變為集體最佳點。

. . . .

二、智豬博弈

智豬博弈是另一個奈許均衡的典型例子：一個食槽中裝有十份食物，但是控制按鈕在另一端，需要到另一端按下按鈕，食物才會掉下來。大豬和小豬都在食槽一端，兩隻都可以跑到另一端按下按鈕再回來，二者速度相同，消耗相同的體力，並且一隻豬跑去按按鈕，會造成另一隻豬先吃食物。

假設每隻豬跑去按按鈕都要消耗二份食物的體力，並且大豬比小豬吃得快：

如果大豬先吃食物，二者吃食物的比例為 9：1；如果小豬先吃食物，二者吃食物的比例為 6：4；如果同時吃食物，吃食物的比例為 7：3。

兩隻豬都可以選擇去按按鈕，也可以選擇等待。例如大豬去按按鈕，小豬等待，那麼小豬先吃食物，二者吃的食物比例為 6：4。但是大豬消耗二份體力，所以最終大豬收益為 4，小豬不消耗體力，收益為 4。按照這種方法，我們可以寫出各種決策時兩隻豬對應的收益：

	小豬去	小豬等
大豬去	5, 1	4, 4
大豬等	9, -1	0, 0

我們來考慮均衡點。

小豬會思考：如果大豬去，我跟著去獲得收益 1，等待獲得收益 4，因此應該等待；如果大豬不去，而我去，我獲得收益 −1，如果我們都等待，收益為 0，因此還是應該等待，這樣一來，小豬的決策一定是等待。

在小豬等待的情況下，如果大豬去按按鈕，獲得收益 4，如果大豬不去按按鈕，獲得收益 0，因此大豬會選擇去按按鈕。這個 (4，4) 的收益就是奈許均衡點。

這和國家或公司進行基礎研究研發新產品很像。例如一款新的晶片研發需要花費很多錢，成功後也能獲得更大的收益。在這樣的情況下，小國家、小公司沒有動力進行研發，他們會等待大國家、大公司研發好後，直接利用現成的技術獲得收益。

中國的晶片產業就是這樣的局面，多年以來，我們一直認為中國是發展中國家，沒有大力推動半導體產業的基礎研究，許多人秉持「做不如買，買不如租」的觀點。現在美國對中國展開貿易戰，禁止晶片出口，一下子就擊中了一處弱點。

發現「奈許均衡」的約翰‧奈許是一位傳奇人物，他是位數學家，卻獲得了諾貝爾經濟學獎，可惜晚年時精神分裂。想了解奈許的一生，可以去看看電影《美麗境界》，這部電影拍得不錯。

第二章

奇妙的物理

P–H–Y–S–I–C–S

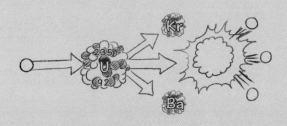

能量都是從哪裡來的？
—— 能量的轉化與守恆

　　我們都知道一個概念：能量。用日光燈需要電能；開車需要石油的化學能；動物能夠活動是因為具有生物能。那麼能量到底是從哪裡來的呢？

　　我們不妨從常見的電能來解釋能量的來源。家用電是由發電廠發出來的，發電廠為了發電，必須使發電機轉動。要讓發電機轉動，就必須消耗其他能量。

一、煤和石油的能量

　　首先看火力發電。火力發電機的基本原理是：燃燒煤粉將水變為高壓蒸氣，透過高壓蒸氣推動汽輪機，汽輪機轉動帶動發電機轉動，這樣就可以產生電能。在這個過程中，煤的化學能被燃燒消耗，轉化為機械能，機械能轉

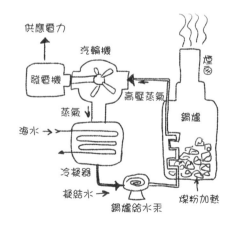

化為電能。

　　煤的化學能是從哪裡來的呢？煤和石油是千百年前動植物屍體在一定條件下形成的。詳細地說，動植物死亡後，屍體沉積在地下，如果微生物分解屍體的速度沒有沉積速度快，動植物屍體就會愈來愈多。在一定條件下，這些屍體中的有機物會發生變化，經過相當長的時間變成煤和石油。所以，煤和石油的化學能是從遙遠古代的生物能轉化而來。

　　生物的能量又是從哪裡來的呢？我們知道食肉動物吃食草動物，食草動物吃植物，這就是食物鏈。食物鏈上級消費者的生物能（食肉動物）源於下級能量消費者（食草動物）和生產者（植物）。

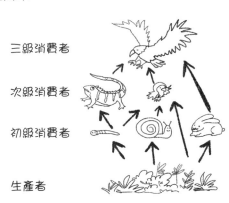

三級消費者

次級消費者

初級消費者

生產者

也就是說，動植物的生物能本質上源於植物。

　　植物的能量又是從哪裡來的呢？除了蘑菇等依靠腐植質生存的植物之外，大部分植物都有葉綠素，可以進行光合作用，透過太陽能，將空氣中的二氧化碳和吸收的水分轉化成有機物，同時釋放氧氣的過程。在這個過程中，植物的生物能變多，看似產生能量，所以稱為生產者。但實際上植物必須利用太陽能才能完成這個過程，依然是能量轉化：把太陽能轉化為有機物的能量，或者稱為「生物能」。

　　我們繼續想，太陽能又是從哪裡來的呢？

　　太陽是一個大火球，每分每秒都在釋放著巨大的能量。太陽之所以能發光、發熱，是因為內部有大量的氫元素。氫原子是自然界最小的原子，原子核中只有一個質子，原子核外有一個電子。但氫原子核裡的中子個數可以不同，據此可以把氫元素分為三種同位素，分別是沒有中子的氕、一個中子的氘、兩個中子的氚。

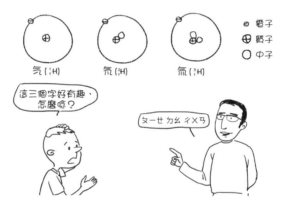

　　在極高的溫度下，氘和氚的原子核可以發生核融合，生成一個氦原子核和一個中子，同時釋放巨大能量，於是這個能量就透過輻射的形式散發到宇宙中。所以太陽能源於太陽內部的核融合反應——核能。

　　核能是從哪裡來的？這個問題人類還沒有理解，因為在大爆炸之初，核能就存在於宇宙之中了。而大爆炸之前的事，科學家們還沒有任何頭緒。

　　總結起來，火力發電的能量轉化過程是太陽核能透過核融合轉化為光能，光能透過光合作用轉化為植物的生物能，植物的生物能透過食物鏈布滿生物圈，生物能透過一定的環境形成煤的化

學能，化學能透過燃燒加熱蒸氣推動發電機，繼而發電機就把這種能量轉化為電能。

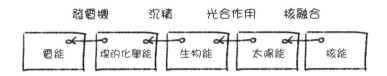

二、風和水的能量

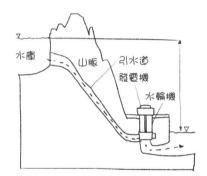

如果用水力發電廠發電，能量又是從哪裡來的呢？

首先要在有山脈的地區建設水壩，讓水形成落差。當水受到重力作用向下運動，可以推動水輪機轉動，這樣發電機就可以工作了。由於水在高處可以向下流動帶動發電機，我們就說高處的水具有能量，這種能量稱為「重力位能」。水力發電廠是把水的重力位能轉化為電能。

水從高處到達低處後，重力位能減小，高山上流下來的水匯集在一起，最終流到大海中。高山上的水為什麼不會流乾呢？這又涉及到自然界水的迴圈。

由於太陽的照射，海洋水可以蒸發成氣體升到空中。在風的帶動下，重新來到高山上空形成降雨，這樣水就可以從低處回到高處，重力位能增加。但是在這個過程中，太陽的照射必不可

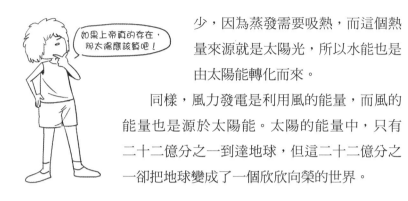

少，因為蒸發需要吸熱，而這個熱量來源就是太陽光，所以水能也是由太陽能轉化而來。

同樣，風力發電是利用風的能量，而風的能量也是源於太陽能。太陽的能量中，只有二十二億分之一到達地球，但這二十二億分之一卻把地球變成了一個欣欣向榮的世界。

三、除了太陽，還有其他能量來源嗎？

地球上大部分能量都來自太陽，但還有其他兩種能量來源。

例如核能發電廠，目前像太陽那樣的核融合能量，人類只能用來製造氫彈，尚未掌握能夠控制核融合反應速度的技術來進行發電，但是人們已經掌握了可控核分裂技術。

核分裂是指重原子核可以分裂成較輕的原子核，同時釋放能量的過程。例如鈾 -235 就是一種常見的核反應原料。當一個中子撞擊鈾 -235 原子核時，會分裂出氪原子核 Kr 和鋇原子核 Ba，同時釋放出三個中子，再撞擊三個鈾 -235，可以釋放出九個中子……這個過程稱為「連鎖反應」，可以釋放巨大的能量。

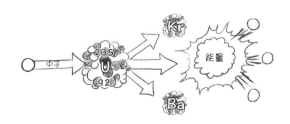

　　人們建設核反應爐，讓連鎖反應緩慢地進行，釋放出大量的熱把水變為高壓蒸氣，推動發電機發電，這就是核電。

　　相較於火力發電，核電帶來的汙染少上許多，所以很多國家都在大力發展核電。核電的能量來源是地球上儲存的鈾 -235，而非太陽。此外，還有一種能量不是源於太陽——地熱，地熱源於地球內部的岩漿，而岩漿的能量來源是地球內部的核分裂反應。

　　能量還有一種來源是月球。由於太陽和月球的引力作用，地球上的水會發生漲潮和退潮，而月亮對地球上潮汐的影響更大。

　　如果在潮水中安裝發電機，潮水就可以推動發電機發電，這就是潮汐發電廠的原理。潮汐能從本質上講是地球和月球具有的機械能轉化而來，這種機械能在地球和月球形成之初就存在了。

　　說了這麼多，大家是不是已經明白，能量總是在相互轉化。而地球上絕大多數的能量來源有三個：太陽、地球和月球，其中，太陽能是主要能量來源。宇宙形成之初就有了核能和機械能，這些能量在不停地轉化，所以才讓這個世界精彩繽紛。

光速是如何測量的？
——伽利略、羅默、邁克生測光速方法

大家都知道：光的傳播速度非常快，一秒鐘能走三十萬公里，可以繞地球七圈半。這麼快的速度，人類是如何測量的呢？

一、伽利略的測量

在古希臘時代，對於光速的數量級，人們並不是很清楚。一些科學家，例如亞里斯多德，甚至認為光速是無限大的。更好玩的是，有人認為光是從眼睛中發射出來，我們一睜眼就能看到遙遠的星星，所以光速一定是無限大。

文藝復興後，近代科學的先驅伽利略做了第一個測量光速的實驗，當時是 1638 年。伽利略和他的助手站在兩個相隔較遠的山頭上，手裡各拿著一盞燈。伽利略先遮住燈，助手看到伽利略遮住燈後，立刻遮住自己的燈。伽利略的設想是測量從遮住燈到看到助手遮住燈相差的時間，這段時間內，光剛好在兩人之間

傳播一個來回，這樣就可以測出光速了。

　　然而光速如此之快，以至於這個實驗根本不可能測出光速。如果不計兩人的反應時間和遮住燈的時間，光傳播這段距離的時間只需要幾微秒，以當時的條件無法完成測量。伽利略也承認沒有透過這個實驗測出光速，也沒有判斷出光速是有限或無限。不過伽利略說：「即便光速是有限，也一定快到不可思議。」

......

二、利用木星測光速

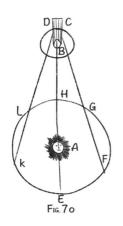

Fig.7o

　　真正意義上的光速測量是從丹麥天文學家奧勒‧羅默開始。

　　1610 年，伽利略利用自己改進的望遠鏡發現了木星的四顆衛星，其中木衛一最靠近木星，每 42.5 小時繞木星一圈。而且木衛一的軌道平面非常接近木星繞太陽公轉的軌道，所以有時候木衛一會轉到木星背面，因為太陽的光無法照射到木衛一，地球上的人就看不到這顆衛星了，稱為木衛一蝕。

　　我們來看一張示意圖，地球繞著太陽 A 在圓軌道 FGLK 上逆時針運行，木衛一繞著木星 B，也在逆時針運行。木星背後 CD 之間是木星的陰影區，如果木衛一進入陰影區，太陽光照射不到，人們就無法看到它。也就是說，當木衛一到達 C 點時就會消失，稱為「消蹤」；如果木衛一從陰影出來，就能夠被人們

觀察到，也就是木衛一到達 D 點時就會出現，稱為「現蹤」。

羅默就是利用這個現象測量光速。首先，我們研究地球靠近木星時發生的消蹤和現蹤現象。

當木衛一到達 C 點時進入陰影，這個現象的光需要傳播一段距離才能到達地球。假設光從 C 傳播到地球時，地球位於 F 點，人們觀察到消蹤現象就比木衛一進入陰影時間晚了一些，這段時間等於 CF 長度與光速之比。

當木衛一到達 D 點時走出陰影，重新反射太陽光，這個現象也需要一段時間才能到達地球。由於地球在運動，假設這束光到達地球時，地球位於 G 點，人們觀察到現蹤現象也比木衛一走出陰影時間晚了一些，這段時間等於 DG 長度與光速之比。

但由於 CF 比 DG 長，所以消蹤現象延遲比現蹤現象延遲多一些，即晚發現消蹤，早發現現蹤。消蹤與現蹤的時間間隔比木衛一在陰影中的時間要短，可以用一個線段圖表示這個關係。

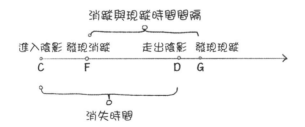

同理，我們可以討論地球遠離木星時的消蹤和現蹤現象。

如果地球到達 L 發現木星消蹤，到達 K 發現木星現蹤，由於地球在遠離木星，所以 LC 的長度小於 KD 的長度，早發現消蹤，晚發現現蹤，人們觀察到消蹤與現蹤的時間間隔就會比木衛

一實際在木星陰影中的時間要長。

1671 年到 1673 年,羅默進行了多次觀測,並且得出在地球遠離木星時,消蹤、現蹤時間差比靠近時長了七分鐘,並得出了光的速度在 10^8m/s 量級的結論。

牛頓和惠更斯這兩位科學巨匠雖然在光到底是粒子還是波的問題上爭執不休,但是在光速測量上,都支持羅默的方法。牛頓還測量了光從太陽發射到地球需要八分鐘的時間,也就是說,我們看到的太陽是八分鐘以前的太陽。

三、邁克生和傅科實驗

二百年之後,第一個把光速測量精度大幅提高的人是美國物理學家邁克生。

1877 年到 1879 年,邁克生改進了傅科發明的旋轉鏡,示意圖如下:

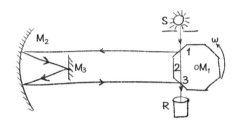

　　邁克生在相隔較遠的兩處分別放置八面鏡 M_1 和反射裝置 M_2、M_3，讓一束光經過八面鏡中的鏡面 1 反射後發出，再透過 M_2 和 M_3 反射回八面鏡，經過鏡面 3 反射後進入觀察目鏡。只有在如圖所示的位置時，觀察目鏡處才會有光。如果八面鏡轉動一點，經過鏡面 1 反射的光就無法照射到 M_2，觀察目鏡上就看不到光了。

　　如果讓八面鏡旋轉，並且角速度逐漸增大，會發現某個角速度下又可以從觀察目鏡中看到光。這是因為鏡面 1 剛好傾斜 45° 時，光線經過鏡面 1 反射到達 M_2，再返回八面鏡時，八面鏡剛好轉動一格（$\frac{1}{8}$ 週期），於是鏡面 2 剛好跑到圖中鏡面 3 的位置，將光線反射進入觀察目鏡。由於視覺暫留現象，觀察目鏡中就好像一直可以看到光。

　　假設左右兩套裝置相距為 L，當八面鏡轉動週期為 T 時，可以從觀察鏡中看到光。由於 L 遠大於其他部分的長度，所以光從介面 1 反射到左側，再回到八面鏡走過的距離近似為 $S=2L$。

　　根據剛才的分析，光來回運動一次，八面鏡剛好走過一格，時間為 $t=\frac{T}{8}$。

　　因此光的速度為 $v=\dfrac{s}{t}=\dfrac{2L}{\dfrac{T}{8}}=\dfrac{16L}{T}$。

　　根據這個原理，邁克生測出光的速度為 299853 ± 60km/s，與我們今天測量的更加精確的值非常接近。

　　現在，人們使用更加精確的方法測出光在真空中的速度為 299792458m/s，並且利用光速來定義「公尺」的概念。一公尺就等於光在真空中傳播 $\dfrac{1}{299792458}$ 秒內傳播的距離。如果距離非常大，人們就使用光年的概念：1 光年等於光在一年時間裡走過的距離，大約 9.5×10^{15}m。我們之所以能看到幾百萬光年之外的恆星，是因為那些恆星早在幾百萬年前就開始發光了，直到今天，它們發出的光才到達地球。

2.3

阿基米德能撬起地球嗎？
—— 地球半徑和質量的測量

我們小時候就知道阿基米德的名言：「給我一個支點，我可以撬起地球。」說的是利用一根槓桿省力。

阿基米德真的能夠撬起地球嗎？要做出判斷，首先要知道地球的質量，而要測量地球的質量，要先測出地球的半徑。

一、測出地球半徑的人

人們在很早的時候就知道地球是球體，最早的學霸畢達哥拉斯第一個提出地球的概念，而亞里斯多德總結了證明地球是球體的三種方法：

1. 愈往北走，北極星愈高；愈往南走，北極星愈低；

2. 遠航的船隻先露出桅桿頂，再慢慢露出船身；

3. 在月食的時候，地球投到月球上的形狀為圓形。

既然地球是球體，那如何測量地球的半徑呢？古希臘的埃拉托斯特尼率先測量了地球的半徑。

　　他的測量方法是：夏至日，太陽光直射北回歸線。而埃及的城市阿斯旺剛好在北回歸線附近，所以夏至日的正午，太陽光會垂直於阿斯旺的水平面，射入阿斯旺的一口深井中。

　　與此同時，阿斯旺北方的城市亞歷山大，太陽光並不直射地面。他透過測量此時亞歷山大城中一個石塔的高和影子長度的關係，得到了此時太陽光與垂直地面方向的夾角，大約為 7°。

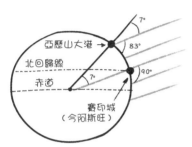

　　由於太陽到地球的距離遠遠大於地球的半徑，因此太陽光到達地球時接近於平行光。從上圖中的幾何關係可以看出：亞歷山大和阿斯旺與地心連線的夾角就是 7°，所以兩座城市之間的距離大約是地球圓周長的 $\frac{7}{360}$。透過測量兩座城市之間的距離，得到了地球的周長和半徑。如今我們知道，地球赤道的周長大約是 40000 公里，而半徑大約是 6400 公里。

・・・・・・

二、測出地球質量的人

科學的路，一步就走了一千多年。

　　雖然早在二千多年前，地球半徑就被測量出來了，但是測量出地球質量卻是十八世紀的事了，也就是三百多年前。

　　牛頓為了解釋蘋果為什麼會落地，提出了萬有引力定律：自然界的任意兩個物體之間都相互吸

引，引力大小與二者質量的乘積成正比，與距離的平方成反比。寫成公式就是：$F = G\dfrac{m_1 m_2}{r^2}$。

其中，F 是引力，G 是萬有引力常數，m_1、m_2 分別是兩個物體的質量，r 是二者的距離。

如果兩個物體的尺寸遠遠小於它們之間的距離，就可以把物體當

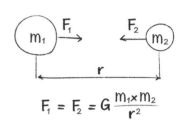

$$F_1 = F_2 = G\,\frac{m_1 \times m_2}{r^2}$$

作點來處理。但如果物體距離比較近，二者的距離究竟從什麼地方開始計算就比較複雜了。如果是質量分布均勻的球體，二者之間的萬有引力還是比較好計算，就是把它們球心的距離代入運算式中的 r 即可。

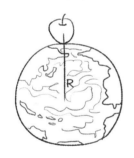

例如地球上有一個蘋果，蘋果的半徑相較於地球小上很多，所以可以把蘋果看成一個點。此時，蘋果與地心之間的距離就是地球半徑 R，設地球質量為 M，蘋果質量為 m，二者之間的萬有引力就是：$F = G\dfrac{Mm}{R^2}$。

這個力就是地球對物體的吸引力，接近於物體的重力，在這裡姑且認為它就等於物體的重力。人們把重力與物體質量的比稱為「重力加速度」：$g = \dfrac{F}{m} = G\dfrac{M}{R^2}$。

這樣就可以得到 $GM = gR^2$，這個公式就稱為「黃金公式」。

古希臘時代，人們就測量出了地球半徑 $R = 6400$ 公里；牛頓之後，人們又測量出重力加速度 $g = 9.8\text{N/kg}$，所以只需要測量出萬有引力常數，就可以知道地球的質量了。

　　牛頓在 1687 年的鉅著《自然哲學的數學原理》中完整提出萬有引力定律，但限於實驗條件，牛頓並沒有測量出這個量。直到一百多年後，英國科學家卡文迪許才透過精巧的扭秤實驗測量出了 G 的數值，$G=6.67\times10^{-11}\text{Nm}^2/\text{kg}^2$。

　　兩個質量為一公斤的球相距一公尺時，引力只有 $6.67\times10^{-11}\text{N}$，這麼小的引力，怪不得牛頓沒有測出來。透過以上步驟，人們終於可以計算地球質量了，大約是 $6\times10^{24}\text{kg}$。卡文迪許測量了萬有引力常數，得以計算地球質量，所以人們稱卡文迪許為「測出地球質量的人」，為了紀念他，英國劍橋大學物理系實驗室被命名為「卡文迪許實驗室」，這也是目前世界上最頂尖的實驗室之一。

. . . .

三、阿基米德能撬起地球嗎？

　　現在終於可以討論撬地球的問題了！我們知道在阿基米德的時代，還沒有理解引力的概念，我們姑且認為阿基米德是要在地球上撬起一個與地球相同質量的物體，那麼他是否能做得到呢？

根據阿基米德發現的槓桿原理：一根槓桿要平衡，兩段施加的力與力臂的乘積應該相等，即 $F_1D_1 = F_2D_2$，這樣一來，如果想用小力去撬動大物體，

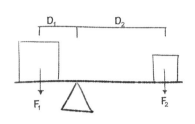

就需要小力的力臂遠遠大於大物體重力的力臂。

假設阿基米德有一百公斤，而地球質量為 6×10^{24} 公斤，如果要撬動地球，力臂就需要是地球那一段力臂長度的 6×10^{22} 倍。

如果阿基米德要把地球撬起一公分，根據槓桿臂長的比例關係，一端所需要下降的距離就是 6×10^{20} m，大約相當於六萬光年。也就是說，阿基米德想憑藉自身重力撬起地球的話，即使一切實驗設備都準備好了，而且他也能夠以光速運動，但還需要六萬年的時間才能將地球撬起一公分。顯然，這是不可能的。

阿基米德的豪言壯語點破了槓桿原理，但是卻忽視了地球與人在質量上的巨大差別。

天體之間的距離到底有多遠？

—— 視差法、克卜勒定律和金星凌日

我們晚上看天空會看到美麗的星星，除了太陽系內部的幾顆行星外，大部分肉眼可見的星星都是其他星系的恆星，這些恆星距離我們非常遙遠，就算是跑得最快的光到達地球，也需要非常多年的時間。那麼，我們如何測量這些星球到地球的距離呢？

一、視差法和秒差距

測量恆星的距離，最基礎的方法是三角視差法。

不妨先從一個簡單的例子說起。假如有一棵樹非常高，我們如何才能測量出它的高度呢？

首先觀察樹根和樹梢，得出兩個觀察方向，並且測量它們的夾角。然後再測量出觀察點和樹之間的水平距離，根據三角形的知識，就

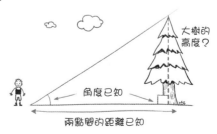

可以求出樹的高度。

　　三角視差法基本原理與之類似。由於地球繞著太陽旋轉，一年中的不同時刻，從地球上觀察某個遙遠的星球，視線的方向是不同的，我們可以在冬天和夏天記錄觀察星球時的視線方向，並且測量兩個方向的夾角。

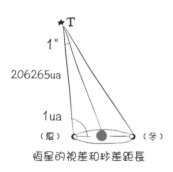

恆星的視差和秒差距長

　　我們知道一個圓周角為 360°，每度又可以分為 60'，每分又可以分為 60"，於是 1" 就等於 $\frac{1}{1296000}$ 圓周，是一個非常小的角度。假如冬天和夏天觀察同一顆恆星時，觀測方向夾角為 2"，恆星與地球的連線和恆星與太陽連線的夾角就約等於 1"，此時我們就稱恆星距離地球為一個秒差距 (pc)。

　　再把日地距離寫作一個天文單位 ua，把太陽 (S)、地球 (E) 和該天體 (D) 畫成一個三角形，根據三角形的關係可以計算出地球和天體之間的距離 SD 為一個秒差距，大約是 1pc＝206265ua，也就是接近於二十萬個天文單位。

　　根據這種方法，人們測量距離地球最近的恆星 —— 比鄰星，它到地球的距離為 1.3pc，大約相當於二十七萬個天文單位，銀河系中心到地球大約 8000 秒 pc，大約相當於十六億個天文單位。

二、克卜勒三定律

為了測量出具體的數值，還必須測量一個天文單位，也就是地球到太陽的平均距離到底是多少，又該如何測量呢？

也許有讀者說：我們可以發射一束鐳射到太陽上，等它反射回來，再測量時間差。這種方法是不行的，因為日地距離太遙遠了，發射的鐳射很難到達太陽。就算鐳射到達太陽，反射光也會淹沒在巨大的太陽輻射光中，無法分辨。

為了了解日地距離的測量方法，我們先從一個天文學家說起。克卜勒是十七世紀德國的天文學家和數學家，當時普魯士皇帝魯道夫二世的御用天文學家是從丹麥來的第谷，而克卜勒是第谷的助手。第谷死後，克卜勒致力研究他留下的海量天文觀測資料，寫成了鉅著《新天文學》。

在《新天文學》和相關著作中，克卜勒提出了著名的行星運動三大定律：

1. 行星繞太陽做橢圓軌道運動，太陽在橢圓的一個焦點上；

2. 行星與太陽的連線在相等時間內掃過相等的面積；

3. 行星軌道半長軸三次方與週期二次方的比值是常數。

透過克卜勒的研究，人類第一次認識到行星運動軌道是橢圓，而不是圓形，因此行星運動時存在「近日點」和「遠日點」。地球的近日點是在每年的一月初，遠日點是在每年的七月

初。不過地球軌道近日點和遠日點與太陽的距離相差不大，地球的軌道還是接近於圓形。

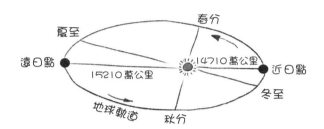

　　克卜勒第二定律是說：如果把行星與太陽做連線，並且經過一段固定的時間，無論行星在何處，這個連線會掃過相等的面積。因此，為了保證面積相等，任何一個星球在近日點處速度都快一些，而在遠日點處速度都慢一些。

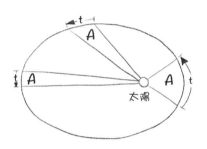

　　克卜勒第三定律是說：太陽系的行星，軌道半徑不同，從小到大依次是水星、金星、地球、火星、木星、土星等。它們的週期也不相同，而且軌道半徑小的週期也小，軌道半徑大的週期也大。

行星	平均軌道半徑 R/M	週期 T/S
水星	5.79×10^{10}	7.60×10^{6}
金星	1.08×10^{11}	1.94×10^{7}
地球	1.49×10^{11}	3.16×10^{7}
火星	2.28×10^{11}	5.94×10^{7}
木星	7.78×10^{11}	3.78×10^{8}
土星	1.42×10^{11}	9.30×10^{8}
天王星	2.87×10^{11}	2.66×10^{9}
海王星	4.50×10^{11}	5.20×10^{9}

　　為了簡單起見，我們把行星軌道當成圓形來處理。克卜勒發現：如果行星的軌道半徑三次方與週期平方做比，太陽系的幾顆行星的這個比值都是相同的。克卜勒是從大量的天文資料中透過擬合和猜想得到上述結論，但是他並沒有解釋原因。隨後科學巨匠牛頓受到克卜勒三定律的啟發，提出了萬有引力定律，成功解釋克卜勒三定律的物理內涵。透過克卜勒三定律，我們就可以測量日地距離了。

・・・・・・
三、哈雷和金星凌日

　　1678 年，年僅二十二歲的天文學家哈雷提出：可以透過金星凌日的辦法測量日地距離。這個哈雷就是著名的哈雷彗星的哈雷。

　　我們知道金星軌道比地球軌道小，稱為「內地行星」。有時候金星會經過地球和太陽的連線，稱為「金星凌日」，此時在地球上觀察，金星像一個黑點一樣掃過太陽。

　　由於地球和金星圍繞太陽公轉的週期 T_1 和 T_2 可以透過觀測得到，因此根據克卜勒第三定律，地球軌道半徑 r_1 和金星軌道半徑 r_2 就滿足方程：

$$\frac{r_1^{\ 3}}{T_1^{\ 2}} = \frac{r_2^{\ 3}}{T_2^{\ 2}} \tag{1}$$

金星凌日時，我們還可以透過三角測量法測量地球到金星的距離。將這個原理簡化如下：

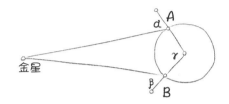

在地球上兩個地點 A 和 B 分別觀測金星，透過測量金星方向與垂直地面方向的夾角 α 和 β，以及 AB 兩點對應的地心角 γ，再加上人們已經知道的地球半徑 R，就可以透過幾何方法計算出金星到地球的距離 d。而這個距離剛好就是地球軌道半徑與金星軌道半徑之差。

$$d = r_1 - r_2 \tag{2}$$

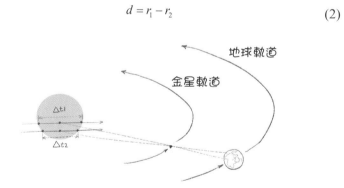

聯繫方程式 (1) 和 (2)，就可以得到日地距離，也就是地球的軌道半徑 r_1，這就是一個天文單位 ua。

遺憾的是，由於金星與地球的軌道並不完全重合，金星凌日的週期比較複雜。金星凌日的時間間隔分別是 8 年、105.5 年、8

年、121.5 年，每 243 年迴圈一次。也就是說，有的人一生中會遇見兩次金星凌日，有的人一生中一次都無法遇見。

　　哈雷提出這種測量方法後，下一次金星凌日是在八十三年後，他知道無法親眼見證這個時刻，但人們一直在等待這個時刻。

　　1761 年，人類第一次使用金星凌日測量日地距離，但是很遺憾，沒有獲得很好的資料。經過精心的準備，八年之後的 1769 年，英國的科學家在庫克船長的帶領下，到太平洋上測量金星凌日。當時英法七年戰爭剛剛結束，兩國仍處於對峙狀態，法國政府特地要求海軍不能攻擊庫克船長的船隊。

還沒有奧運的時候，人類對科學的追求就是一種休戰協議。

當時航海是一件非常艱苦的事，庫克的船在經過了八個月的航行後，終於到達目的地——大溪地。此時已經有五名船員病死，還有一名船員受不了壓力而跳海自殺。1769 年 6 月 3 日，科學家們終於如願以償地觀測到了金星凌日。

　　1771 年，法國天文學家拉朗德根據這次珍貴的觀測資料，首次算出了地球與太陽間的距離大約為 1.5 億公里，並命名為一個天文單位 ua。人們根據這個數位，推算出各天體到地球的距離。

　　在教科書上一個簡單的數字，都是經歷一代又一代科學家數百年的努力才能得到。我們不得不驚嘆於科學的偉大和科學家們孜孜以求的精神。

指南針為什麼能指南？
── 磁場的形成

指南針是中國的四大發明之一，東漢王充《論衡》中說「司南之杓，投之於地，其柢指南。」是早期對司南比較清楚的描述。考古學家根據古代文獻的描述復原了司南，而這是不是指南針的雛形，學術界還有很大的爭議。

但沒有爭議的是在宋元時期，指南針就已經開始應用於航海等人類活動中。指南針的基本原理是一個可以自由旋轉的小磁針，在地磁場的作用下，小磁針一端指南，稱為「南極」（S極）；一端指北，稱為「北極」（N極）。一般我們把指北的一端塗成紅色，所以也有人把指南針叫做指北針。

一、指南針為什麼能指南北？

因為地球具有磁場。我們知道磁鐵有兩極，N極和S極，而且同名磁極相互排斥，異名磁極相互吸引。也就是說，用一個磁鐵的N極靠近另一個磁鐵的S極，二者會相互吸引；如果用一個磁鐵的N極靠近另一個磁鐵的N極，二者會相互排斥。

　　為了理解磁鐵間的這種
作用，人們引入了磁場的概
念。磁場是存在磁體周圍一
種看不見、摸不著的物質，
這種物質的作用是對磁鐵有
力的作用。也就是說，一個

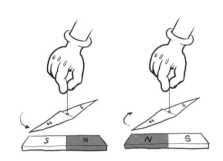

磁鐵會在周圍空間產生磁場，而這個磁場就會對另一個磁鐵有力
的作用。如果在磁鐵周圍放置一堆小磁針，小磁針的 N 極（下
圖中深色部分）指向就會與磁場方向相同。也就是說，在磁體外
部，磁場是從磁體的 N 極指向磁體的 S 極。

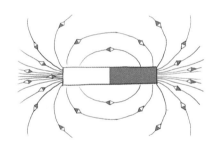

　　人們根據指南針在地球
表面可以指南北的特點，推
斷出地球具有磁場，稱為
「地磁場」。地球的磁場與
條形磁鐵的磁場非常像，根
據小磁針 N 極向北指的特
點，分析出地磁場的方向是
從南向北，這就得出地磁場

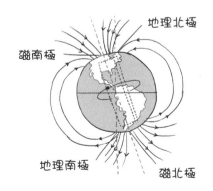

的 N 極其實在地理南極附近,而地磁場的 S 極在地理北極附近,地磁南北極與地理南北極是相反的。

地磁南北極與地理南北極並不會完全重合,而是存在著一個夾角,稱為「地磁偏角」,中國科學家沈括在《夢溪筆談》中寫道:「方家以磁石磨針鋒,則能指南,然常微偏東,不全南也。」是世界上最早關於磁偏角的紀錄,現代指南針都透過技術手法修正了這個偏角。

二、厄斯特實驗:電流產生磁場

地球為什麼能夠產生磁場呢?這個問題更加普遍的問法是:磁場到底是怎麼產生的?

最初人們認為電與磁是完全不相關的現象,但隨著人類認識自然愈來愈深入,逐漸發現電與磁可能有所相關,最典型的就是被閃電劈過的鐵礦石可能具有磁性。人們想到,也許電可以產生磁。第一個發現電流與磁場之間的聯繫的是丹麥物理學家厄斯特。

1806 年,厄斯特應聘哥本哈根大學教授,他每個月都會為學生準備一節特別的課程,用來介紹科學界的最新成果。有一次講課時,他發現當用通電導線靠近指南針時,指南針發生轉動,他和學生共同見證了這一歷史時刻,但是

他當時並沒有對這種現象做出解釋。經過幾個月的思索，他終於明白電流可以產生磁場，而磁場可以對小磁針有力的作用。此時，人們才正式把電和磁聯繫在一起。

為了紀念厄斯特，丹麥政府把哥本哈根市中心的公園命名為厄斯特公園，裡面豎立著厄斯特的雕塑。美國物理教師協會還特別設立了厄斯特獎章來獎勵優秀物理教師。

人們仔細研究各種形狀的通電導線形成的磁場，例如通電直導線周圍的磁場是同心圓環，並且與導線中電流方向符合右手螺旋定則。也就是說，右手握住導線，大拇指指向電流方向，四指的繞向就是磁場方向。

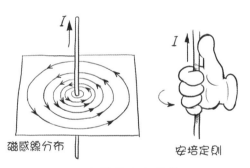

磁感線分布　　　安培定則

直線電流的磁場

還有一種典型情況：通電螺線管。就好像在一根彈簧上通電，產生的磁場與條形磁鐵的磁場很類似。判定方法依然是右手螺旋定則：右手握住螺線管，四指方向與電流方向相同，則大拇指指向螺線管相當於條形磁鐵的 N 極。

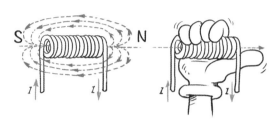

通電螺線管的磁場

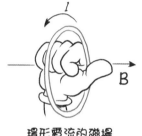

環形電流的磁場

如果螺線管只有一圈，就變成了通電圓環，它的磁場也類似條形磁鐵，判定方法還是右手螺旋定則。

法國物理學家安培最早對這個問題產生清晰的認識，所以右手螺旋定則也稱為「安培定則」。

安培詳細研究各種通電導體的磁場，並提出導線中電流與其產生磁場之間的定量關係，即安培定律。後來安培的著作《關於電動力學現象之數學理論的回憶錄》出版，電動力學做為一個新名詞，登上了科學的舞臺。

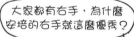

大家都有右手，為什麼安培的右手就這麼優秀？

三、安培分子電流假說：磁體產生磁場

安培不滿足於研究電流的磁場，他進一步思考：既然各種電流都產生相應的磁場，那麼永磁體，例如磁鐵的磁場是如何

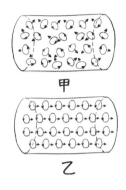

產生的呢？

　　安培產生了一個大膽的想法：也許磁體內部也有電流，是這些電流形成磁體的磁場，這就是著名的安培分子電流假說。

　　安培認為在磁體內部可能存在著很小的環形電流，稱為「分子電流」，每個分子電流都有 N 極和 S 極。如果這些分子電流的取向雜亂無章，那麼磁場彼此抵銷，宏觀上就沒有磁性；但如果在外界磁場的作用下，分子電流的取向變得大致相同，宏觀上就表現出磁場，兩端形成磁極。

　　在安培的時代，人們並不清楚組成物質的原子是什麼樣子，更不知道原子裡面有原子核和電子，所以安培的這種說法只能停留在「假說」階段。現在的科學界認為電子圍繞原子核的運動和電子的自旋具有磁場，安培分子電流假說則具有一定正確性。

　　既然磁體的磁場也是由電流產生的，人們總結出一個結論：一切磁現象都是由電流產生的，或者叫一切磁現象都有電本質。

四、地球磁場

地球的磁場究竟是什麼原因產生的呢？對於這個問題，科學界還沒有統一的認識。有人認為在地球內部流動的岩漿造成電流，產生地磁場；也有人認為大氣中存在電荷，大氣運動會造成電流，產生磁場。但無論如何，地球的磁場也一定是由電流所產生。

其實地球磁場並非一成不變，地磁南北兩極每分每秒都在緩慢移動，而且在歷史上，地球磁場的南北極調換過多次，上一次調換是在七十八萬年前。地磁場對生命有重要意義，例如可以防止太陽風中的各種射線直接射向地球表面，從而保護地球上的生命；一些生物可能需要磁場進行導航。如果磁場發生巨大變化，一定會對生物產生巨大的影響，甚至造成生物的大滅絕呢！

2.6

家用電是怎麼產生的？
—— 電磁感應現象

我們每天都離不開電，也知道家用電是從發電廠發出來，但發電廠是如何發電的呢？是誰第一個發現了這個原理呢？要了解這些，首先要從一個人物說起——法拉第。

. . . .

一、電磁感應現象

丹麥物理學家厄斯特發現電流的磁效應後，英國物理學家法拉第就想到：既然電流能夠產生磁場，反過來說，磁場是否能夠產生電流呢？因為在法拉第的時代，人們用電都是使用鋅、銅和

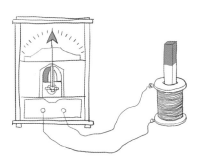

鹽水製作的伏打電池，這種電池的電壓小且製作麻煩，發出的電不適合一般大眾使用。但自然界的磁鐵資源非常豐富，如果使用磁鐵發電，電就能進入千家萬戶了。

　　法拉第為了這個理想進行了艱苦的實驗，最初的想法是將一塊磁鐵放在螺線管中，期待電路中產生電流，但一直沒有成功。終於在 1831 年，法拉第的實驗獲得了突破，他發現：只有在磁鐵插入或拔出螺線管的過程，電路中才會產生電流。

　　用現代的方法可以把法拉第的實驗等效成上述的情況：用一個螺線管連接安培計，將一根磁鐵插入螺線管的過程中，安培計會產生數據。插入速度愈快，安培計指標偏轉愈大；同理，在拔出的過程中，安培計指標也會偏轉，只是方向相反。但如果磁鐵在螺線管中保持靜止不動，電路中就沒有電流產生。

　　法拉第終於明白：只有在運動和變化的過程中，磁鐵才能產生電流。於是他將發現總結成五種情況，其中應用在現代發電機的情況是：在磁場中切割磁感線的導體可以產生電流。

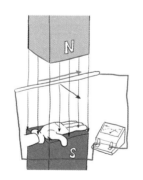

　　例如將一根導線與安培計相連，並且使導線向右運動，導線就好像刀一樣切斷了磁感線，電路中就會出現電流。而且我們可以使用右手定則判斷電流的方向：如果磁感線穿過右手的手心，大拇指指向導線運動的方向，右手四指的方向就是產生的電流方向。

　　按照這個原理，法拉第製作了早期的發電機，而英國財政大臣對發電機的用途表示懷疑。

果然，現在電已經成為我們生活中必不可少的一部分，誰家用電不繳錢呢？

. . . .

二、直流電和交流電

早期發電機產生的都是直流電，就是電流方向不發生變化的電流。現在的家用電都是交流電，就是方向週期性變化的電流。

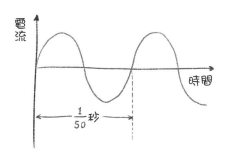

具體來說，兩孔插座中有一根線稱為「中性線（零線）」，中性線電壓與大地相同，所以觸摸中性線不會觸電；另一根線稱

為「輸出線（火線）」，輸出線電壓一會兒比大地高，一會兒比大地低。由於電流從高電壓流向低電壓，所以有時候從輸出線流過用電器，再流回中性線；有時候從中性線流過用電器，再流回輸出線，每個週期是 $\frac{1}{50}$s，稱為 50Hz 的交流電。交流電與直流電相比，最大的優點就是改變電壓十分方便，從而可以進行高壓傳輸以減小損耗。

這種交流電又是如何產生的呢？

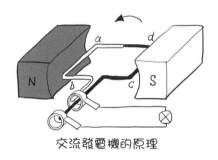

交流發電機的原理

交流電可以透過一個線圈在磁場中轉動產生，例如圖中這種情況：在線圈旋轉時，右側導線向上運動，根據右手定則，產生的交流電從 c 流向 d；左側導線向下運動，產生的交流電從 a 流向 b，所以整個電路中的電流流向是 c—d—a—b。在線圈外端透過兩個電刷與外部電路相連，於是電流就可以通過電刷從上向下流過燈泡。

半個週期之後，線圈旋轉半周，ab 與 cd 交換位置，電流方向就會變為 b—a—d—c，這樣一來，電流就會從下向上流過燈泡，形成交流電；如果線圈等速轉動，就會形成正弦交流電。

也就是說，只要能讓線圈與磁鐵發生相對轉動，就可以產生

電流。在現代發電機中，旋轉的其實不是線圈，而是磁鐵，稱為「轉子」，線圈是不動的，稱為「定子」。同時出於工程商的需要，發電機線圈有三組，任意兩組線圈都夾 60 度角。

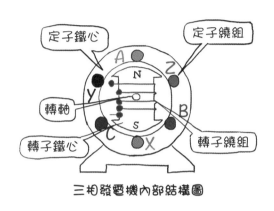

三相發電機內部結構圖

這樣一來，當磁鐵在線圈中等速轉動時，三組線圈中分別產生三個正弦交流電，而且每一個都比前一個滯後 $\frac{1}{3}$ 週期。

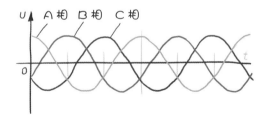

這三個交流電會具有共同的中性線和不同的輸出線。在供電時，把一根輸出線和中性線接入用電器，也就是家用電 220V；如果把兩根火線接入用電器，就變成了工業用電 380V。

我們如何才能讓線圈或磁鐵轉動呢？這取決於發電機的種

類。水力發電機是靠水的衝擊使渦輪機轉動，風力發電機是靠扇葉讓發電機轉動，火力發電機是靠燃燒加熱水蒸氣推動渦輪機，這個過程需要消耗外界的能量。總之，發電機就是把其他形式的能量轉化成電能的機器。

發電機被發明後，各種用電器如雨後春筍般出現，人類自此進入了電氣時代。

三、沒上過學的科學巨匠

我們還要再談談法拉第——這個將人類帶入電氣時代的人。法拉第生於一個鐵匠家庭，由於家庭貧困，只上了兩年小學就輟學了，成為一名釘書匠的學徒。不過這份工作讓他接觸到大量的圖書，接觸到普通人無法接觸到的各種文獻，他被科學深深地迷住了。

在書店一位老主顧的幫助下，二十歲的法拉第有幸聆聽了化學家戴維的演講，還把整理好的演講紀錄寫信郵寄給戴維，並表示自己願意為科學獻身的想法。

戴維看過法拉第的簡歷之後，對他說：「年輕人，我要告訴你，科學是很辛苦的，而且沒有多少回報。」

法拉第回答道：「我認為科學本身就是一種回報。」

戴維被感動了，法拉第終於成為戴維實驗室的一名助手，他的科學夢想從這裡開始成為現實。後來法拉第在物理、化學方面都取得了驚人的成就，成為那個時代最偉大的科學家。

　　法拉第還是一個品德高尚的人，由於早年的經歷，他非常重視對青年學者的培養，並且鼓勵一批如馬克士威一樣的科學巨匠。他拒絕了對自己的封爵，還兩次拒絕成為皇家科學會會長，並表示不願安葬在西敏寺 —— 牛頓等人的長眠地。於是人們將他安葬在其他墓園，卻在西敏寺牛頓的墓碑旁樹立了他的紀念碑。

　　順便說一下，他的入門恩師戴維也是一位著名的化學家，人們認為戴維最大的貢獻就是發現了法拉第。

特斯拉和愛迪生誰更厲害？
—— 交流電與直流電之爭

最初法拉第發明的發電機是產生直流電的直流發電機，但我們現在很常使用的都是交流電。交流電和直流電相比有什麼優勢呢？我們透過講述歷史上一段耐人尋味的「電流大戰」來了解一下吧！

高壓線路

一、發明大王愛迪生和直流發電機

在法拉第發現電磁感應定律——磁場可以產生電流之後，各種用電器就如雨後春筍般出現，最重要的一項發明就是電燈泡。有一個人靠改進電燈泡積累了巨額財富，他就是美國發明大王湯瑪斯·愛迪生。

1878 年到 1880 年，愛迪生與助手一起研製電燈泡，最終找到可以點亮一千多小時的燈絲材料。1881 年，愛迪生在巴黎世

博會上展出一臺重二十七噸、可供一千二百臺電燈照明的發電設備，從此名揚世界。1882 年，愛迪生在紐約金融街創辦了自己的直流電力公司，負責向用戶提供燈泡等用電設備和電力供應，迅速積累鉅額財富。

但是直流電有一個巨大的缺陷：直流電不能變壓。

當發電廠產生電能之後，需要透過導線傳輸給使用者。使用者用電時，導線上也會損耗一部分能量。用戶的功率 $P_用$ 等於發電廠發出來的功率減去導線上損耗的功率 $P_損$。

發電廠發出來的電功率 P 等於電壓 U 與電流 I 的乘積：$P=UI$，電壓愈大，電流愈大，傳輸的功率也愈大。導線上損耗的功率等於電流平方與電阻 R 的乘積 $P=I^2R$，電流愈大，導線電阻愈大，損耗的功率就愈大。用戶獲得的功率是二者之差 $P=UI-I^2R$。

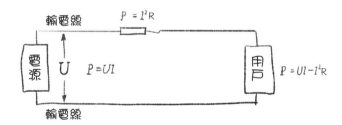

如何才能降低導線上的功率損耗呢？人們先想到降低電阻 R。一般而言，銅的電阻較小，所以導線通常用銅製作，同時，減少導線長度、增加導線截面積也可以降低導線電阻。即便如此，當用戶多、電流大的時候，導線上的損耗依然很大。這麼大的熱功率不僅浪費電能，更重要的是會使導線變熱，引起火災。

要進一步降低導線上的能量損耗，就需要減小電流 I。但在功率 P 一定的情況下，減小電流就必須提高電壓 U。例如輸電功率同樣是 100W，如果電壓是 100V，電路中的電流就是 1A；如果電路中電壓是 1000V，電流就是 0.1A。電流減小了十倍，損耗功率就會變為原來的百分之一。

不過發電廠發出的電壓也不能特別高，因為這樣的話，用戶一端的燈泡全都會因為承受不了高壓而爆掉。

怎麼辦？愛迪生的回答是：「那好吧！我們就每隔一英里建一個發電廠，這樣導線的電阻就小了。」

二、變壓器和高壓輸電

這種方式顯然會大大提高用電成本，有沒有辦法在輸電時使用高壓，到達用戶階段再使用低壓呢？例如現代的電網基本原理如下：

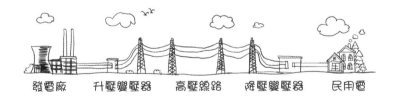

發電廠　　升壓變壓器　　高壓線路　　降壓變壓器　　民用電

首先，發電廠發出的電壓透過升壓變壓器變為高壓，透過高壓電線輸電，到達用戶一端時，透過降壓變壓器降壓，再輸送給用戶。

為了理解這個過程，我們需要對變壓器有所了解。

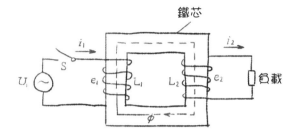

變壓器也是靠電磁感應而工作。有一個「回」字形的鐵芯，左端纏繞著一個導線線圈，稱為「原線圈」，右端也纏繞著一個線圈，稱為「副線圈」。當一個變化電流（交流電）通過原線圈時，由於原線圈電流發生變化，造成原線圈的磁場也發生變化，這個磁場會通過副線圈，造成副線圈的磁場也發生變化，就好像法拉第實驗中的磁鐵插入或拔出線圈一樣，副線圈中就會產生電流。而且根據法拉第電磁感應定律，如果原線圈有 N_1 匝，副線圈有 N_2 匝，原線圈電壓 U_1，副線圈電壓 U_2，那麼兩個電壓之間的關係為：

$$U_1 : U_2 = N_1 : N_2$$

透過調整兩個線圈的匝數關係，就可以實現升壓和降壓。

但變壓器要工作必須使用交流電。因為恆定電流通過原線圈時，由於電流不變，磁場也不變，副線圈中就不會產生電磁感應現象。於是一些科學家就想到：是否應該使用交流電來代替直流電。

三、交流電之父：尼古拉・特斯拉

　　說到交流電就不得不提到尼古拉・特斯拉。他是塞爾維亞的科學家，年輕時就一直思考著交流電和交流發電機的構想，但是一直沒有實現。他覺得世界上有一個人可以幫助他實現夢想，這個人就是愛迪生，於是他在 1884 年來到紐約，並加入了愛迪生的公司。

　　特斯拉向愛迪生闡述自己的想法，但沒有獲得愛迪生的支持，不過愛迪生還是雇用了特斯拉，並請他改進公司的直流發電機。愛迪生許諾：直流發電機改好後，特斯拉將獲得五萬美元的獎金。當時的五萬美元不是個小數字，可以在紐約買一間房子。

　　年輕的特斯拉夜以繼日地工作，每天從早上十點工作到隔天凌晨五點。但是當他工作完成後向愛迪生要求報酬時，愛迪生只是大笑並對他說：「特斯拉先生，看來你不懂美式幽默。」

　　特斯拉一怒之下離開了愛迪生的公司，透過體力活維持生計。一年多以後，在投資人的資助下，特斯拉終於創辦了自己的交流電力公司，並生產各種基於交流電的發電、變壓和用電設備。西屋電氣公司老闆喬治‧威斯汀豪斯看過特斯拉的展示後，購買了特斯拉的所有專利，並以 3.5 美元每千瓦小時向特斯拉支付權利金。如果這個專利延續到今天，特斯拉積累的權利金會是一個天文數字，因為現在全世界都在使用交流電。2017 年，全球發電量二十四萬億千瓦小時，大部分都是交流電。

‧‧‧‧‧‧‧

四、電流大戰

　　由於交流電對比直流電有著先天優勢，以直流電為主業的愛迪生對此十分惱火，並決定透過各種方式詆毀交流電，他向公眾強調：交流電是危險的，必須禁止。他使用交流電公開處決如大象等大型動物，並把處決過程拍攝成電影播放給公眾，甚至透過關係遊說國會，將死刑犯的行刑方式從絞刑改為電椅。

　　1890 年，世界上第一例電椅實驗在紐約的監獄展開，由於經驗不足，火苗從罪犯的脊柱躥出，但是罪犯卻還活著。

　　1893 年，芝加哥世博會是人類歷史上第一次使用電燈照明的世博會，而這場交流電和直流電的戰鬥也在此進入白熱化。當時愛迪生公司已經改名為通用電氣公司，首要任務就是要攬到這項工作。他們對政府開價大約一百萬美元，但是特斯拉的公司開價只有他們的一半，顯然，愛迪生沒有拿到這項工程，而特斯拉

得到了一個創造歷史的機會。

1893 年 5 月 1 日，十萬觀眾湧入世博園區，夜幕降臨，克里夫蘭總統按下按鈕，整個世博園區的數萬盞燈泡被特斯拉的交流電點亮，人類從未見過如此的情景，對那個時代的人來說，這就是未來。

在世博會上，特斯拉為了消除公眾對交流電的恐懼，向人們展示了奇妙的實驗：他身著禮服，腳穿木鞋，雙手接通電路，用身體做為導線通過交流電，全身閃著電火花。而且在那之後，他似乎就迷戀上了閃電，經常在放著閃電的實驗室看書，這種讓人看著都害怕的東西彷彿是特斯拉的寵物一樣溫順。

世博會讓人們留下深刻的印象，特斯拉也一度成為當時的風雲人物，他小時候有一個夢想 —— 將尼加拉瀑布奔騰的水流變為電能，現在就是他實現夢想的時候了。

1896 年，特斯拉主持建造了尼加拉水電廠，強大的水流推動巨大的發電機，提供了 4000KW 的電能，透過變壓器升壓到 22000V，再透過高壓電線輸送到 360 英里之外的紐約，透過降壓變壓器降壓後，供電給交流電動機、電燈泡和電車等用電設

備。在特斯拉的帶領下，電能真正走進了千家萬戶。

五、普羅米修斯式的科學家

特斯拉發明了特斯拉線圈，促進交流電的應用，發明了交流電動機，還有其他數百項專利，有一種說法是：科學界有兩個被嚴重低估的天才，一個是李奧納多・達文西，另一個就是尼古拉・特斯拉。

他雖然是一個卓越的科學家和工程師，卻不是一個成功的商人，他沒有從自己發明的交流電中獲得太多收益，而且由於太沉迷於無線輸電技術 —— 一種不用導線就可以輸電的新技術研究，而被資本家們所拋棄。

世界沒有認識到這位天才的價值，晚年的特斯拉孤獨地住在紐約的小旅館裡，被計程車撞了卻沒錢醫治，還是以前的東家 —— 西屋電氣公司幫他支付了醫藥費。

第二次世界大戰時，特斯拉曾向美國政府提出兩個建議：天氣風暴和死光武器。1943 年 1 月 8 日，總統安排特斯拉在白宮會面，但是前一天夜裡，他在棲身的小旅館裡去世了，紐約市長在電臺中發布訃告：

「昨晚，一位八十七歲的老人去世了，他去世時一貧如洗，但卻是對這個世界貢獻最多的人。如果把他的發明從生活中抽走，工廠將停止運轉，電車將停止行駛，我們的城市將陷入黑暗。特斯拉並沒有死，他的生命已經融入了我們的時代。」

　　特斯拉兩次和諾貝爾獎失之交臂，第一次是無線電的發明。他最早進行了無線電通信的演示並獲得專利，但是美國專利局卻撤銷了他的專利，轉而授予馬可尼，並使馬可尼獲得了 1909 年的諾貝爾獎。1915 年，《紐約時報》頭版刊文：瑞典政府已經決定將本年度的諾貝爾物理學獎頒發給湯瑪斯‧愛迪生和尼古拉‧特斯拉，特斯拉也登上了《時代週刊》的封面。但一週之後，諾貝爾獎卻授予了牛津大學的布拉格。傳說這是因為特斯拉拒絕與愛迪生分享諾貝爾獎，而這個謎團至今沒有得到解釋。

　　為了獎勵特斯拉的貢獻，美國電氣工程師協會（現合併為電氣電子工程師協會 IEEE）決定授予協會的最高獎章——愛迪生獎章。

　　顯而易見，特斯拉沒有去領獎。

SOS 是什麼意思？
—— 無線電報的原理

我們經常看到戰爭片裡發報員「嘟嘟嘟」地發電報，但有很多人知道 SOS 是求救訊號。大家知道電報是什麼原理嗎？哪些人對無線電報的發明有貢獻呢？人們為什麼把 SOS 做為求救訊號呢？

```
S · · ·
O - - -
S · · ·
```

一、馬克士威：電磁波的預言者

之前我們說過法拉第發現了電磁感應現象，透過磁場產生電流，並且發明了發電機。可是為什麼磁場會產生電流呢？法拉第沒有想清楚，因為他小時候家庭貧困，只上過兩年小學就輟學，偉大成就都是依靠對科學的熱愛和努力鑽研的精神而取得，所以在數學方面不是很強，總是喜歡用形象方式表述物理規律，卻難以使用數學語言解釋自己的偉大發現。

這時，另一個偉大的人物馬克士威登場了。馬克士威比法拉第小四十歲，二十三歲剛從劍橋大學畢業時，讀到了法拉第的科學論文，被他深邃的思想所吸

引，決心用數學彌補法拉第的不足。一年後，他就發表了第一篇關於電磁學的論文，並同法拉第進行了深入的討論。

法拉第是一位偉大的科學家，同時也是一個品格高尚的人，他對年輕的學者特別關心。他對馬克士威說：「你不要只局限於用數學解釋我的觀點，而要有所創新。」在老一輩科學巨匠的鼓勵下，馬克士威最終成功地提出了「馬克士威方程組」，成為牛頓和愛因斯坦之間最偉大的物理學家。

馬克士威心想：電流的形成是由於電荷運動，而只有電場能夠驅動電荷。他敏銳地察覺到：變化的磁場並非直接產生電流，而是在周圍空間產生了電場，如果電場附近存在導體，就會形成電流。

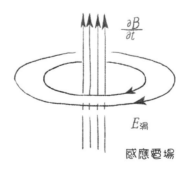

感應電場

馬克士威進一步想到，由於電與磁緊密相關，而且變化的磁場能夠產生電場，所以變化的電場應該也能產生磁場。例如用交流電連接兩個金屬板構成的電容器，由於交流電的電壓在反覆變化，電容器中就會產生變化的電場。

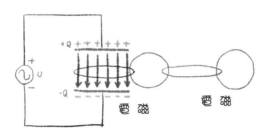

更為神奇的是，如果變化電場產生的磁場依然是變化的，它會進一步產生電場，如此一來，振盪的電場和磁場可以相互激發，並向遠處傳播，形成一種類似波動的物質，並命名為「電磁波」。

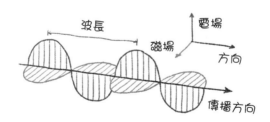

馬克士威透過計算得到電磁波的速度，恰好與光速相同，於是大膽預言：光就是一種電磁波。遺憾的是，他沒有親自證實到預言的電磁波，1879 年，馬克士威在劍橋病逝，年僅四十八歲。而在那一年，二十世紀最偉大的科學家愛因斯坦剛好誕生。

......
二、赫茲：實驗證實電磁波

　　科學的接力棒傳到了德國科學家海因里希‧魯道夫‧赫茲手中。赫茲在柏林大學學習時，受到導師亥姆霍茲的指導而研究馬克士威電磁理論，並決心用實驗證實他的觀點。1888 年，赫茲設計了一套實驗裝置，仔細地研究這種波的波長、頻率等資訊，得出這種波的速度等於光速，與馬克士威的預言完全一致，至此，電磁波徹底被人們證實了。赫茲實驗不僅證實了馬克士威的電磁理論，更為無線電、電視和雷達的發展找到了途徑，我們今天一刻也離不開的手機就是透過電磁波傳輸。

　　利用無線電傳輸訊號有很多好處，例如真空不能傳播機械波，我們在宇宙中喊話，別人是聽不見的，但電磁波卻可以在真空中傳輸，所以太空人在月球上即使距離再近，也需要使用無線電通訊。無線電訊號傳送速率非常快，如果從美國紐約喊一句話，即使無阻礙地傳播，北京的人聽到這句話也要九個小時之後。但無線電的傳播速度是光速，幾乎可以在一瞬間傳遍全球，

而且電訊號比機械訊號更容易進行放大和資訊處理。從電磁波發現的那一天起，人們就一直在研究如何使用無線電進行通訊。

. . . .
三、無線電報的發明

在電磁波被發現之前，人們已經在使用有線電報，但這種方式面臨著如鋪設導線、維護保養等諸多問題，於是研究無線電報被許多科學家和商人擺上了日程。對無線電報發明有貢獻的科學家有三位：美籍塞爾維亞科學家特斯拉、義大利科學家馬可尼、俄羅斯科學家波波夫。

1893 年，特斯拉在美國密蘇里州聖路易斯首次公開展示了無線電通訊，並於 1897 年在美國獲得無線電技術的專利，但美國專利局於 1904 年將其專利權撤銷。這一舉動據說是因為特斯拉太沉迷於他所夢想透過無線方式傳輸電能以造福人類的新技術，而忽視了資本家迫切需要無線電報的感受，這些資本家可能有愛迪生、安德魯・卡內基和摩根等人，於是他們把橄欖枝投到了新的科學家身上，這個人就是馬可尼。

1901 年，馬可尼發射的無線電資訊成功穿越大西洋，從英格蘭傳到加拿大的紐芬蘭省。1909 年，無線電第一次發揮作用，一艘汽

不管是特斯拉、馬可尼或波波夫，請接受我的瞻蓋。

船因碰撞毀壞而沉入海底，由於無線電的作用，大部分船員獲救；同年，馬可尼獲得諾貝爾獎，被稱為「無線電之父」而為世界所知。

幾乎是在同一時期，俄羅斯科學家波波夫也發明了無線電裝置──收音機。他還在收音機上裝了天線，這是人類的第一根天線。1896 年，波波夫在俄羅斯物理化學協會的年會上，正式用無線電傳輸了一段資訊，內容是「海因里希・赫茲」，以表示對赫茲的尊重。

究竟是誰第一個發明無線電，不同國家有不同說法。就算是在同一個國家，說法也反覆變化，例如美國雖然在 1904 年撤銷了特斯拉的專利，轉而授予馬可尼，但是在幾十年後的 1943 年，美國最高法院又撤銷了馬可尼的專利，仍裁定特斯拉為無線電的發明者。無論如何，他們都是偉大的科學家，為我們的世界提供了無限的便利。

. . . .

四、摩斯密碼

無線電報的基本原理非常簡單，就是發報機接通電源，產生一個或長或短的電磁脈衝，電磁波傳播到接收端後，被收報機探測到。最初的無線電訊號都是以摩斯碼的形式進行傳輸，這是因為摩斯碼將英文字母和數位都編碼成點和線兩個狀態，編碼簡單，容易傳輸。我們經常在電影看到戰爭片中的發報員在嘟嘟嘟地按著按鈕，就是在使用摩斯密碼發電報。

　　求救訊號 SOS 本身並沒有任何含義，只是因為在摩斯密碼中的表示非常簡單，三個點，三條線，再三個點，所以國際無線電報公約組織就把它定為國際通用的求救訊號。

　　發報員首先將資訊轉化成摩斯密碼，透過類似赫茲實驗的發報裝置，把長短無線電訊號按照一定的規則發送出去。接報員利用同樣的裝置接收訊號，再透過人工方式將訊號代碼轉化成文字資訊。顯然，這種方式傳輸資訊的效率不高，但是在一百年前，這已經是最先進的通訊方式。二十世紀，拍一份電報要去電報大樓排隊，都是按字數收費，所以要把內容寫得愈精簡愈好。

　　二十世紀末，有些地區還在使用電報進行通訊。進入二十一世紀後，隨著電話、網際網路等通訊方式普及，電報才逐漸退出了民用通訊的領域。

　　現在，摩斯密碼和無線電報成為一些愛好者的玩具，有人使用摩斯密碼進行交流，反而感覺非常時尚。

```
A .—          J .———       S . . .        2 . .———
B —. . .       K —.—        T —          3 . . .——
C —.—.        L .—. .       U . .—        4 . . . .—
D —. .         M ——         V . . .—       5 . . . . .
E .            N —.          W .——        6 —. . . .
F . .—.        O ———        X —. .—       7 ——. . .
G ——.         P .——.       Y —.——       8 ———. .
H . . . .       Q ——.—       Z ——. .       9 ————.
I . .          R .—.         1 .————       0 —————
```

FM 和 AM 是什麼意思？
── 廣播訊號的發射、傳播和接收

　　我們經常聽到廣播裡說：FM92.1MHz、AM1494KHz。FM 和 AM 是什麼意思呢？我們又是如何從發射器發射音樂給收音機呢？之前我們講到：利用無線電發射裝置可以將訊號發射出去，人們根據這個原理製作了無線電報，但傳播的是摩斯密碼，而廣播要求傳輸聲音，這又該怎麼做呢？

　　由於無線電必須頻率夠大才能進行有效傳輸，例如廣播頻率多數是幾百千赫茲到幾百兆赫茲，飛碟聯播網就是 FM92.1MHz，表示每秒鐘電磁波會有 9210 萬個週期。但我們說話的聲波頻率低得多，只有幾百赫茲，該如何才能把說的話變為無線電訊號呢？這就涉及一個概念：調變。

一、訊號調變

　　就像寄快遞需要用盒子把貨物裝起來，低頻訊號就像貨物，是我們所需要傳輸的；再產生一個高頻訊號，也就是載體，就像是盒子。我們讓高頻訊號隨著低頻訊號變化，就像把貨物裝載在貨車上，這個過程稱為調變。如果讓高頻訊號的頻率隨著低頻訊號變化，這個過程就稱為調頻或 FM。

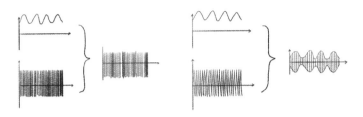

如果讓高頻訊號的振幅隨著低頻訊號變化，這個過程就稱為調幅或 AM。

· · · · · ·
二、無線電波的發射

調變好的訊號可以進行發射，一個電容和一個電感構成的電路稱為 LC 電路，在 LC 電路中會產生振盪的電磁場，向外發射電磁波。研究發現：電路中的電容愈小，發射的無線電頻率愈高，於是為了發射高頻訊號，我們把電容的兩個板子面積減小。同時，為了讓電磁波發射的範圍夠大，可以把電容器的兩個極板，一個放置在頂端，一個放置在底端，就構成了天線。

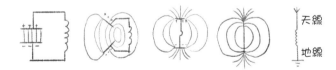

把調變好的電流訊號透過電磁感應載入到天線上，天線就可以幫我們把無線電發射出去了。

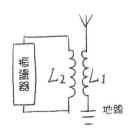

三、無線電波的傳播

　　無線電在空中是如何傳播的呢？大家注意，由於地球是圓的，如果無線電沿著直線傳播，很難擴展到很大的範圍。該如何讓無線電傳輸得更遠呢？一共有三種方式。

　　波長比較長的無線電稱為長波，很容易繞過障礙物，這種現象稱為繞射，所以長波主要靠地波傳播。地波就是讓無線電沿著地面運動，會自己發生繞射而彎曲，到達接收裝置，這種無線電一般用於遠端無線通訊。

　　波長短一些的無線電稱為中波，繞射能力差，不能靠地波傳播。但大氣中存在著一層特殊的部位「電離層」，能夠反射中波，於是可以利用無線電在地面和電離層之間的反覆反射傳輸無線電，這種方式稱為天波。而電離層與天波傳輸的設想，最早也是特斯拉提出的，電報和廣播一般都使用天波傳輸。

　　波長比中波短的無線電稱為短波和微波。這種波波長很短，難以繞射，所以不能用地波傳輸，同時容易穿透電離層，也不能靠天波傳輸。短波和微波的傳輸方式一般是直線傳播，就是透過高架鐵塔上的中繼器將訊號一段段接收、放大後繼續傳輸。

　　手機無線電訊號傳播的原理就是直線傳播，剛開始許多電信商都要建設鐵塔和基地臺，十分浪費。最後往往是由電信商共同

出資建設基地臺，實現資源分享。

　　由於人造衛星的出現，人們廣泛將這種訊號直接發射到衛星上，再透過衛星傳輸到地面上的另一個地點，這樣就能控制基地臺的數量。

● ● ● ● ● ● ●
四、無線電波的接收

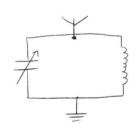

　　　　　　　收音機上也有天線，天線是導體，無線電訊號遇到導體就會在導體上激發出同樣規律的感應電流，只是這個電流比較微弱。不過接收天線也是 LC 電路，也存在固有頻率，如果接收天線的頻率與空間中的無線電頻率相同，就會產生電磁共振，此時天線上的感應電流最大。例如想收聽 FM92.1，就把接收裝置的固有頻率調整到 92.1MHz，此時電路中收到飛碟聯播網引起的感應電流最大，而其他電臺訊號雖然也在電路中有感應電流，但是由於沒有共振，所以電流很小。

　　調整接收裝置固有頻率的過程，其實是調整收音機中的電容大小，這個過程稱為調諧訊號，也就是我們生活中所說的搜臺或換臺。

・・・・・・
五、訊號解調

　　當我們接收到 FM92.1MHz 的頻道後，是不是就可以直接把電流通向喇叭了呢？答案是不可以。因為接收的訊號是經過調變的高頻訊號，就像接收了一件包裹，要先把包裹拆開一樣。我們需要把低頻訊號從高頻訊號中篩檢出來，這個過程稱為解調。

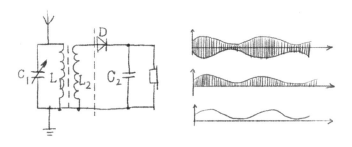

　　按照與調變相反的方法，把高頻訊號過濾掉，餘下低頻訊號。再把這個訊號放大，通入喇叭。喇叭中的線圈在磁鐵對電流作用力下前後振動，帶動發聲的膜片，就可以接收到廣播中播放的優美歌聲啦！

　　總結起來，廣播的過程就是：訊號經過調變變為高頻訊號，透過天線發射出去，經過各種方式到達接收端，經過調諧被接收裝置接收，再經過解調就變為了原來的訊號。

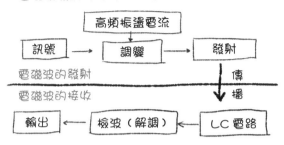

電磁波發射和接收流程圖

電視、手機等無線電裝置的原理相同，但也有一點區別，廣播訊號通常可以連續變化，這種訊號稱為類比訊號；而手機訊號一般採用數位訊號，就是只有 0 和 1 兩個狀態，與電腦原理相同。利用數位訊號，可以方便地實現資訊的處理和運算。

2.10

世界上第一張 X 光片是誰拍的？
——電磁波的種類、產生和應用

我們知道光是一種電磁波，通訊用的無線電也是電磁波，其實醫院裡用的 X 射線和治療疾病用的伽馬射線也都是電磁波。電磁波的本質相同，都是電場與磁場相互激發，但為什麼它的特點和作用有這麼大差別呢？又都是如何產生的呢？

波，包括電磁波和機械波，都有三個參數：波長 λ，頻率 f 和波速 v，三者的關係是波速＝波長 × 頻率，即 $v=\lambda f$。對於電磁波而言，在真空中的傳播速度 v 和光速 c 一樣，即 30 萬 km/s，所以波長 λ 愈大，頻率 f 就愈小。按照波長和頻率的不同，人們把電磁波排列出來，就稱為「電磁波譜」。

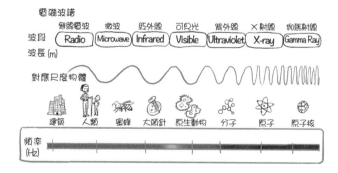

我們按照電磁波產生方式和特點的不同，大致可以把電磁波分為無線電波、光波、X 射線、伽馬射線四類。

・・・・・・
一、無線電波

　　無線電波是波長最長、頻率最低的電磁波，波長大於 1mm，頻率小於 300GHz，手機、電視、廣播等都使用無線電進行通訊。要發射無線電波，需要有週期性變化的電流，這就需要我們之前說過的 LC 電路。

　　在一個電路中串聯一個電容器 C 和一個電感 L，由於電容和電感的作用，會產生週期性的電流，對電容器反覆充電和放電。根據經典電動力學，此時會產生變化的電磁場，從而形成電磁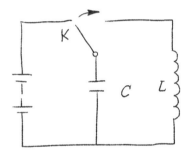波。在收音機、手機裡都有這樣的裝置，只是還需要我們對訊號進行調變。

　　不同的通訊裝置，對無線電波的要求不同，例如手機訊號使用的無線電波長很短，稱為「微波」；廣播訊號使用短波或中波。發射訊號時，天線的長度需要與電磁波波長接近，因此手機天線一般比較短，有時會隱藏在手機內部；收音機的天線比較長，在收音機外部。有些手機具有收音機功能，但是必須插上耳機才能用，這是因為此時的耳機充當了收音機天線的作用。

●●●●●●●

二、光

波長比無線電短的電磁波稱為「光」，又可以分為紫外線、可見光和紅外線三個波段。紫外線波長介於 5 ～ 370nm，由於波長較短，所以肉眼不可見。紫外線是德國物理學家里特發現的，1801 年，他在研究太陽光譜時，突然想要了解太陽光分解為七色光後，有沒有其他看不見的光存在。

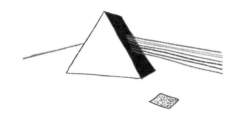

人們當時已知道氯化銀在加熱或受到光照時，會分解而析出顆粒很小而成黑色的銀。當時他手邊正好有一瓶氯化銀溶液，於是用一張紙片沾了少許氯化銀溶液，並把紙片放在白光經稜鏡色散後的紫光外側。過了一會兒，果然在紙片上觀察到，沾有氯化銀部分的紙片變黑了，這說明太陽光經稜鏡色散後，在紫光外側還存在一種看不見的光線，里特把這種光線稱為「紫外線(UV)」。

紫外線雖然肉眼不可見，但是對生命卻具有重要意義，可以殺菌，因此醫院會用紫外線燈為一些器材消毒。

同時，紫外線可以促進鈣的吸收，太陽光裡有紫外線，適當晒太陽對人的身體健康有好處。經常在礦井裡工作的工人，長期無法接收陽光照射，每隔一段時間還需要使用人工的紫外線燈照射。丹麥醫生芬森對陽光治療疾病的問題很有研究，傳說他們家

有一隻貓受傷了，就在陽光下趴著。當太陽移動位置後，貓會重新找到陽光繼續趴著。從此他就著迷於陽光對健康問題的研究，並獲得了 1903 年的諾貝爾醫學獎。

我們可以把紅外線、可見光、紫外線都稱為光，在這個波長頻率範圍內，LC 電路已經無能為力，只有原子外層電子躍遷才能產生。例如我們常見的日光燈管，就是汞原子受到電子撞擊而激發，當它從激發態回到基態時，就會發出紫外線。紫外線再撞擊螢光粉，就會使螢光粉發出可見光。

關於原子能級的理論，最早是波耳為了解釋氫光譜而提出，他認為電子在原子周邊存在不同的軌道，其能量不同。電子在每個軌道上運動時，都不會發出電磁波；只有電子在兩個軌道之間躍遷時，才會吸收或輻射電磁波。

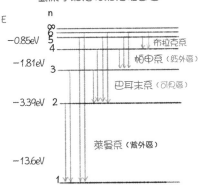

當時人們還不能完全理解這個理論，因為這與傳統電動力學的觀點不同。不過現在人們已經認識到，在微觀世界必須拋棄傳統理論，而使用量子力學。

三、X 射線

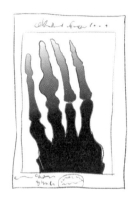

X 射線最早是由倫琴發現的，所以也稱為「倫琴射線」。倫琴不光發現 X 射線，還拍攝了第一張 X 光照片，是拍攝妻子的手。在這張照片中，手的骨頭和手指上的戒指都清晰可見。

X 射線的波長比光還短，能量更大，是因為原子的內層電子躍遷所產生，目前 X 射線主要應用在安檢和醫療上的透視。

四、伽馬射線

伽馬射線波長最短，頻率最高，能量最大，穿透力最強，是由原子核躍遷所產生。就像原子的外層電子一樣，原子核也具有能階，如果原子核從高能階回到基態，也會發出電磁波，因為這種能量非常巨大，所以形成的電磁波波長很短，於是就形成了伽馬射線。

伽馬射線目前在醫療上用於殺死癌症細胞，在工業上主要用於金屬探傷機。由於伽馬射線能夠使基因變異，很多電影都以此為主題展開想像，例如《守護者》、《驚奇 4 超人》、《綠巨人浩克》傳說都是因為伽馬射線照射而具有神奇能力。但事實上，原子彈爆炸時，殺傷力之一就是伽馬射線，人在大劑量伽馬射線

照射下必死無疑。

　　綜上所述，長波長、小頻率的電磁波，是由於電荷週期性振動所產生。但光、X 射線、伽馬射線等短波長、頻率高的電磁波，則是由於原子或原子核進行能階躍遷時發出，所滿足的規律是量子力學。

量子是什麼東西呢？
── 量子力學的開創

十九世紀的最後一天，歐洲的物理學家齊聚一堂，迎接新世紀的來臨。著名的科學家克耳文爵士驚嘆於物理學的偉大成就，自豪地宣布物理學的研究已經走到盡頭。

物理學的大廈已經建成，後世的物理學家只要做些修補的工作就可以了。

克耳文之所以這麼說，是因為在那個時代，經典力學透過牛頓、拉格朗日、拉普拉斯等人的貢獻，已經清楚解釋物體之間的相互作用和天體運行規律，馬克士威電磁方程組將電與磁完美結合起來，熱力學統計物理可以解釋分子的運動規律，彷彿物理學已經完全成熟了，沒有什麼重大的理論問題需要解決，以後的物理學家只需要將物理常數的精度提高幾位就可以了。

但是克耳文同時也說：「在物理學晴朗的天空中，還飄著兩朵令人不安的烏雲。」他所說的這兩朵烏雲其一是指黑體輻射問題中實驗結果與理論不符合，另一朵是指尋找光的參考系──乙太的邁克生－莫雷實驗的失敗。

恰好是這兩朵烏雲，發展成為二十世紀物理學最偉大的兩個發現：量子力學和相對論的誕生，人類認識到自己探索自然的道路還很漫長。

• • • • • •

一、黑體

為了理解量子，我們先介紹一下黑體。物理研究發現：一切物體都在吸收、反射和輻射電磁波，如果一個物體只吸收和輻射電磁波，不反射電磁波，這個物體就稱為「黑體」。例如可以把太陽當成一個黑體，因為太陽的輻射特別強，輻射的電磁波強度遠大於反射的電磁波。

經過研究發現：黑體輻射的情況與物體的溫度有關。

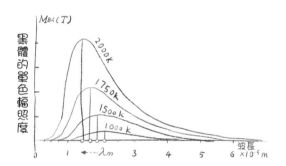

圖中縱坐標是單位波長單位面積輻射功率，橫坐標是波長，透過這張圖可以發現兩個結論：

第一，物體溫度愈高，輻射強度愈大。黑體單位面積輻射能量與溫度的四次方成正比，稱為「斯特凡－波茲曼定律」，根據這個規律計算出太陽表面溫度大約是 6000K。

第二，物體溫度愈高，輻射強度最大處的波長愈短，稱為「維恩位移定律」。例如熾熱的鐵塊會發光，而且溫度不同時，顏色也不同，有經驗的鐵匠可以根據顏色判斷鐵塊的溫度。

• • • • • • •
二、紫外災變

但是這兩個定律都是實驗規律，如何從理論上解釋呢？

卡文迪許實驗室主任瑞利從經典電動力學出發，推導出一個黑體輻射公式，即「瑞利－金斯公式」。

$$M_{B\lambda}(T) = \frac{2\pi c}{\lambda^4} k T \quad （瑞利－金斯公式）$$

不過這個公式並不符合實驗結果，只有在波長較長時，公式才與結果相符；在波長較短時，公式與實驗結果的偏差很大。

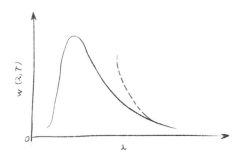

最可怕的是，當波長趨近於零時，瑞利公式的結果發散，輻射強度無限大，這顯然是很荒謬的。人們無法調和理論和實驗結果，並把這個問題稱為「紫外災變」（這是因為紫外是比可見光波長更短的光，表示波長短時，實驗結果與理論值不符）。

• • • • • •

三、普朗克和量子

為了解釋這個問題，許多物理學家提出了自己的見解，最成功的是德國科學家普朗克，這是普朗克學習物理過程中的相貌變化圖。

普朗克在 1900 年提出：為了解釋黑體輻射現象，必須做出一定的假設，這些假設可能與人們熟悉的物理學規律不同。

振動的帶電粒子能量是一份一份的，每一份的能量都與振動頻率有關，稱為「一個能量子」，或簡稱為「量子」。

$$\varepsilon = h\nu \begin{cases} \varepsilon : 能量 \\ h = 6.63 \times 10^{-34} \, Js \ 普朗克常數 \\ \nu : 頻率 \end{cases}$$

按照這個假設，普朗克推導出黑體輻射的普朗克公式：

$$M_{B\lambda}(T) = \frac{2\pi hc^2}{\lambda^5} \cdot \frac{1}{e^{\frac{hc}{k\lambda T}} - 1}$$

這個公式與實驗結果符合得非常好，黑體輻射問題得到完美解決。但許多物理學家並不能完全理解量子的概念，這與經典物理學的衝突，使得科學界始終不能完全相信普朗克的假設。直到十八年後，普朗克才獲得諾貝爾獎。

　　但是能量子的概念提出後，許多物理學家借用這個概念取得了豐碩成果，例如 1905 年，愛因斯坦借用普朗克的觀點解釋了光電效應實驗，並獲得諾貝爾獎。

　　現在人們認識到：量子力學是統治微觀領域的物理規律，與宏觀世界滿足的規律不同。牛頓定律統治著宏觀低速世界，量子力學主宰著原子量級的微觀世界，而在高速時，我們又需要求助於相對論。科學愈發展，就愈會發現更多未知的世界。

　　誠如牛頓所說：「我好像一個在海邊玩耍的孩子，不時為拾到比一般更光滑的石子或更美麗的貝殼而歡欣鼓舞，而展現在我面前的是完全未探明真理的海洋。」

波還是粒子？這是個問題
── 波粒二象性

　　光到底是波，還是粒子？這
在物理學界經歷了長期的爭論。
牛頓是微粒說的代表人物，而惠
更斯則認為光是機械波。經過馬
克士威、赫茲、湯瑪士·楊格、

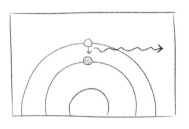

菲涅耳等人的努力，人們逐漸認識到光是一種電磁波。十九世紀
初，人們自以為已經認清了光的本性。

一、愛因斯坦：光的粒子性

　　十九世紀初，科學家赫茲發現光電效應現象：紫外線照射可
以使鋅板發射電子。

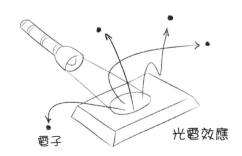

電子　　　　　　　　　　　光電效應

大家原本以為這是個平淡無奇的現象，因為光具有能量，可以將電子撞出。

最初人們認為光的能量與光強有關，因此光愈強，愈容易發生光電效應，但是這個想法卻無法獲得實驗支持。實驗發現光電效應是否發生與光的強弱無關，而與光的頻率有關：頻率愈大，愈容易發生光電效應。

為了解釋這個問題，愛因斯坦大膽借用了普朗克的觀點，他認為光的能量是一份一份的，每一份稱為「一個光量子」，或簡稱「光子」，光子的能量與頻率的關係也滿足普朗克公式。

例如紫外線光子的能量就比可見光強，可見光的光子能量又比紅外線強。因此，只有頻率高的光才能將電子撞出。光強並不表示每個光子的能量，而表示光子的個數，愛因斯坦透過這個關係完美解釋了光電效應實驗，並獲得諾貝爾獎。

在愛因斯坦提出了光子學說後，人們認識到光不只具有波動性，也具有粒子性，於是就稱為「波粒二象性」。愛因斯坦說：「好像有時我們必須用一套理論，有時又必須用另一套理論來描述（這些粒子的行為），有時候又必須兩者都用。」

• • • • • • •

二、德布羅意：粒子的波動性

既然電磁波有粒子性，那是否也有波動性呢？這個想法看似天方夜譚，一個蘋果如何能和波聯繫在一起？

德布羅意

但自然界就是這麼神奇，就像法拉第發現了變化的磁場可以產生電場，馬克士威聯想到變化的電場也能產生磁場一樣，一位年輕的法國學者大膽預言：不只光具有波粒二象形，實物粒子也有波粒二象性，他就是法國學者路易·維克多·德布羅意。

德布羅意家族自十七世紀以來一直為法國國王服務，1740年被授予公爵稱號，由長子繼承，後來家族中的每個成員又都獲得神聖羅馬帝國親王稱號。德布羅意的父親是法國總理和外交部長，在德布羅意的兄長死後，他便成為了法國公爵和德國親王。

德布羅意本來學習中世紀歐洲歷史，並獲得文學學士學位。後來他碰巧閱讀一些與物理有關的書，尤其是聆聽了法國數學家龐加萊的報告後，突然對物理產生濃厚的興趣，轉而攻讀物理學博士學位。

看，這是我的家徽！

讀了幾年書，德布羅意面臨畢業問題，但始終寫不出論文。他著急，導師朗之萬更著急，因為面對樣的官二代誰也惹不起，可是寫不出論文肯定是不能畢業，這該怎麼辦？

1921 年，愛因斯坦借用普朗克的量子假說解釋了光電效應實驗，並獲得諾貝爾獎。愛因斯坦指出：光具有波粒二象性。

德布羅意靈機一動，在愛因斯坦的結論上添了一句話：不只是光，所有的物質都具有波粒二象性，物質的粒子性由動量 P 代表（質量與速度的乘積），波動性由波長 λ 代表，並且二者的乘積等於普朗克常數 h：$\lambda = \dfrac{h}{P}$。

例如一顆子彈的質量為 $m=0.1\mathrm{kg}$，當它以 $v=300\mathrm{m/s}$ 的速度運動時，動量 $P=mv=30\mathrm{kgm/s}$，波長 $\lambda = \dfrac{h}{P} = \dfrac{6.63 \times 10^{-34}\mathrm{Js}}{30\mathrm{kgm/s}} = 2.21 \times 10^{-35}\mathrm{m}$，這個波長如此之短，任何儀器都無法探測到，但它是存在的。

德布羅意寫了一份論文交給導師朗之萬。由於這份論文思想過於超前，朗之萬也害怕過不了關，便把論文寫信寄給愛因斯坦，並特別提到：這是一個法國公爵面臨能否畢業的重大政治問題，如果能贊同他的觀點，那麼您以後來法國肯定會很受歡迎。

愛因斯坦欣然明白朗之萬的意思，立即回信表示論文的結論很有見解。在愛因斯坦的肯定下，德布羅意順利畢業了。

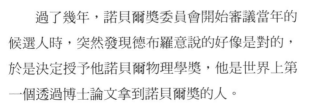

過了幾年，諾貝爾獎委員會開始審議當年的候選人時，突然發現德布羅意說的好像是對的，於是決定授予他諾貝爾物理學獎，他是世界上第一個透過博士論文拿到諾貝爾獎的人。

　　實際上在此之前，量子力學教父級人物——丹麥物理學家尼爾斯‧波耳在 1913 年提出了氫原子能量量子化模型（波耳模型）。波耳指出電子在圍繞氫原子運動時，軌道只能取某些特定的值。這些特定的值滿足量子化條件：$mrv = n\dfrac{h}{2\pi}$。

　　其中 m 是電子質量，r 是電子軌道半徑，v 是電子速度，n 是一個整數，稱為「量子數」，h 是普朗克常數。當電子在不同軌道之間躍遷時，氫原子就可以發射光子。波耳

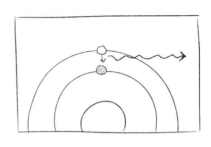

透過這個假設成功地解釋了氫原子發光現象，並獲得諾貝爾獎。

　　可是為什麼氫原子的運動要滿足這個規律呢？ 1923 年，德布羅意在《法國科學院學報》上連續發表三篇論文，解釋了波耳量子化的條件：電子軌道必須使電子在原子核周圍形成駐波。

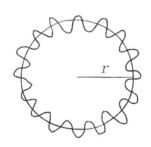

　　駐波就是指電子的波長必須能夠首尾相接。也就是說，電子軌道周長必須是波長的整數倍：$2\pi r = n\lambda$。

　　如果電子的波長與動量的關係滿足 $\lambda = \dfrac{h}{P}$，可以得到 $2\pi r = n\dfrac{h}{mv}$，就與波爾的結論保持一致。

● ● ● ● ● ● ●
三、波粒二象性的實驗證實

　　要證實一個物理理論，必須透過實驗。既然粒子具有波動性，就應該能表現出波的特點，也就是干涉和繞射。干涉和繞射是指波通過障礙物時，傳播方向會發生變化，造成障礙物後面出現不同於直線傳播的圖案。例如雙縫干涉就是光通過兩個縫隙後，在後面的螢幕上出現明暗相間的條紋。

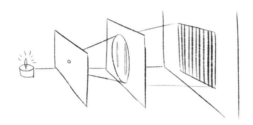

　　圓孔繞射就是光通過一個小孔之後，在後面的螢幕上形成同心圓環。

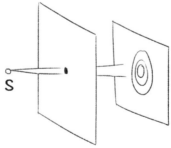

　　干涉和繞射是波特有的，聲波、水波、光波都具有干涉和繞射現象。要證實物質波的存在，就必須發現粒子的干涉和繞射現象。

終於，科學家 G. P. 湯姆森成功觀測到電子的圓孔繞射圖樣：將電子通過一個狹窄的縫，居然表現出光的特點 —— 在螢幕上出現了繞射條紋，物質波的學說在此被人們證實了。

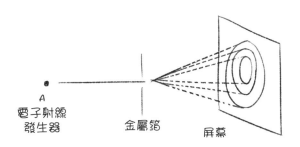

A
電子射線
發生器　　　　　金屬箔　　　　屏幕

四、物質波的本質：機率幅

粒子的波動性本質到底是什麼呢？

德國物理學家玻恩提出：粒子的波動性與經典的機械波不同，它並不表示振動形式的傳遞，而是表示粒子存在於各個不同位置的機率。也就是說，微觀世界中的粒子並不一定在某個位置，而是存在一定的機率分布。在某些地方機率大，某些地方機率小，用波函數就能描述這種差別，這種解釋稱為「哥本哈根詮釋」。宏觀物質 —— 例如一顆蘋果也具有波動性，只是因為波長太短，所以人們才會沒有感覺。

德布羅意是個具有深刻洞察力的科學家，他從愛因斯坦的理論出發，透過大膽的猜想，成功解釋了波耳的理論，同時還預言 G. P. 湯姆森的電子繞射，成功開拓物質波理論，最終由玻恩用

機率理論解釋，這些都成為量子力學的重要內容。他宛如一座橋梁，連接了幾個諾貝爾獎的成果。而相較於他所連接的幾個成果，德布羅意的工作基本沒有做過實驗，理論計算也很少，而是憑藉深刻的洞察力，「輕而易舉」拿到了諾貝爾獎。科學就是這樣，在前人的基礎上經過長期的思索和努力，使科學進步一點點。在這個過程中，有些人的工作異常辛苦，有些人卻相對容易。

薛丁格的貓是死了還是活著？
—— 薛丁格的貓

這回要講一個科學史上最著名的思想實驗——「薛丁格的貓」，這是一個把量子力學應用到宏觀世界時出現的神奇悖論。

. . . .
一、神奇的量子世界：疊加態和本徵態

我們知道量子世界非常神奇，確定性被機率取代了，無論是粒子的位置、能量，還是速度，都處於一種不確定的狀態之中。

例如氫原子是由原子核和核外的一個電子所組成，電子會圍繞原子核高速運動。最初波耳在解釋氫原子時，認為氫原子的電子存在不同的軌道，但他發現這種理論只對氫原子有效，稍微複雜一點的原子都無法解釋。後來人們終於發現，電子並不存在確定的軌道，它的空間位置是隨機的，於是人們畫出了電子雲，表示氫原子中的電子出現在各個不同位置

的機率。

在德布羅意提出物質波的概念後，玻恩透過機率說解釋了物質波和波函數的含義：波函數表示量子系統中某個事件的機率。

例如 $\psi(r, t)$ 表示一個隨著位置 r 和時間 t 演化的波函數，$|\psi(r, t)|2$ 就表示在位置 r 和時間 t 找到粒子的機率。波耳等人認為這種觀點是正確的，這種對於波函數和量子力學基本問題的解釋就是「哥本哈根詮釋」。

更為神奇的是，因為量子系統的機率詮釋，我們在沒有進行觀測時，不能確定一個粒子的位置和速度等資訊，因此量子系統就處於一種疊加態。例如粒子既可能在 A 處，也可能在 B 處，處於 A 和 B 兩處的疊加態；一個原子核可能衰變，也可能沒有衰變，處於衰變和未衰變的疊加態。

我們要知道這個粒子到底處於 A，還是處於 B，或者要知道一個原子核到底衰變了沒有，就需要進行觀測。可能發現粒子在 A 處，也可能發現粒子在 B 處，我們稱為「疊加態塌縮成了本徵態」。我們的觀測似乎是會影響結果的，因為在觀測之前，粒子究竟在哪裡是不確定的，而觀測之後，粒子立刻選擇了 A 或 B，這個過程就發生在觀測的一瞬間。而且從此之後，粒子的狀態就確定了。

這種觀點與宏觀世界相互違背，例如到酒吧裡喝酒，服務生倒了一杯酒，可能是啤酒，也可能是葡萄酒，我們可以透過品嘗知道這杯酒是什麼。然而，就算不品嘗，也知道這杯酒只可能是啤酒或葡萄酒，雖然我們不知道這杯酒是什麼，但是服務生知道。就算服務生也不知道，我們何時品嘗，或者誰來品嘗，這杯

酒的測量結果都不會不同。因此宏觀世界不是處於疊加態，而是本徵態。

量子世界裡的酒都和我們平凡世界裡的不一樣。

但量子世界裡的酒卻不是這樣，這杯酒處於啤酒和葡萄酒的疊加態，既有可能是啤酒，也有可能是葡萄酒。現在世界上任何一個人都不知道這杯酒是什麼，而且在不同的時刻，不同的人來品嚐這杯酒，結果都可能不同。

由於量子力學中有太多與常識相違背的結論，所以許多人對量子力學產生了懷疑，認為量子力學是一個不完備的理論，只是一個更深刻的物理結論的某一個側面。這其中就包含著量子力學的許多創立者，如愛因斯坦說「上帝不擲骰子」，薛丁格也提出了「薛丁格的貓」。

二、薛丁格的貓

奧地利物理學家埃爾溫·薛丁格是量子力學的奠基人之一，他在 1926 年提出了薛丁格方程式，用以描述量子態的波函數隨著時間的演化，並獲得諾貝爾獎。

但他卻認為量子力學並不是一個完備的理論，尤其是在宏觀世界中會有許多與量子力學相違背的事實。為了把這個事實描述得更加清晰，他提出了薛丁格的貓這

個最讓物理學家們頭痛的思想實驗。

把一隻貓關在一個封閉的鐵容器裡，並放入少量的放射性物質。這些物質在一小時內有 50% 的機率發生衰變，還有 50% 的機率不發生衰變。如果物質發生衰變，旁邊的探測器能探測到，會透過裝置啟動榔頭，榔頭會打碎裝有有毒物質的瓶子，有毒物質擴散到容器裡把貓毒死；如果物質沒有衰變，有毒物質就不會擴散，貓就活得好好的。

由於量子系統處於疊加態，因此在沒有打開盒子看的時候，這些放射性物質處於衰變和沒有衰變的疊加態，使得貓處於一種既活又死的疊加態之中。只能打開盒子進行觀測，但在這一瞬間，疊加態會瞬間塌縮成本徵態，這隻貓就從一個既死又活的狀態，立刻變為活的或死的貓。

有人認為量子力學是一幅雲霧的照片，但它其實可能是一張搖晃或失焦的圖片。

有人可能會認為，不打開盒子也沒關係，我們可以在盒子上安裝玻璃看著這隻貓啊！要知道，任何的觀測行為都會影響實驗，例如安裝玻璃能夠看到內部，這是因為有光射入了盒子再反射出來，這些光子就會影響量子系統，所

以不能完成實驗。貓要處於真正的疊加態之中，必須排除外界的任何干擾，因此人們無法觀測。

這隻貓的出現讓物理學家們抓狂了，人們差一點就相信了量子力學和哥本哈根詮釋，但這個美好的願望被一隻貓打擊到粉碎。

薛丁格透過這個實驗向世界闡述：量子力學只是某個更深刻物理原理的側面。

三、平行世界

「薛丁格的貓」究竟該如何解釋呢？現在的科學界對此還沒有統一的觀點，有些科學家甚至提出許多神奇的理論來解釋它。

1957 年，科學家休・艾弗雷特提出了著名的「多世界詮釋」。他認為在進行薛丁格的貓的實驗時，箱子裡原本就有兩個世界。這兩個世界在箱子外的情況完全相同，只是一個世界裡箱子有隻死貓，而另一個世界裡箱子有隻活貓，只不過這兩個世界糾纏在一起。當我們打開箱子進行觀測時，這兩個世界就會發生分離，從此之後，各自變為一個新的世界，而且彼此毫無影響。

　　這種想法多麼的神奇！科幻作者們為此欣喜若狂，一大批科幻小說和電影都透過這個理論演繹平行世界的精彩故事，例如《彗星來的那一夜》就是一部不錯的電影。可是這種想法又如此不可思議，讓大部分科學家不願承認它，薛丁格的貓至今仍是一個無法完全理解的「怪物」。

　　量子力學究竟是不是完備理論？人們對它還存在很多爭論。著名的物理學家、諾貝爾獎得主、最幽默的物理學家費曼曾說：「我想我可以有把握地講，沒有人懂量子力學！」

黑洞是黑色的嗎？
—— 從愛因斯坦到霍金

　　劍橋大學盧卡斯數學教授史蒂芬·霍金在 2018 年 3 月 14 日去世了，這個日子正是愛因斯坦誕辰的日子。霍金二十一歲時因患病而全身癱瘓，無法言語，只有三根手指可以活動。但在這樣的情況下，他憑藉著驚人的毅力提出了廣義相對論的奇點定理、黑洞面積定理、黑洞蒸發理論和無邊界的霍金宇宙模型，同時也憑藉《時間簡史》、《胡桃裡的宇宙》等著作成為世界科普大師，去世後被安葬在倫敦西敏寺的牛頓墓旁。

　　霍金研究一生的黑洞到底是什麼呢？為了了解這個問題，首先我們必須說回到愛因斯坦。

一、愛因斯坦和廣義相對論

　　愛因斯坦的主要貢獻是解釋光電效應、提出狹義相對論和廣義相對論。這些貢獻中又以廣義相對論最為精彩，他是繼牛頓和馬克士威後，人類認識世界的第三次飛躍，是我們

研究宇宙的有力工具。現代宇宙學的基本觀點：大霹靂理論、宇宙膨脹、黑洞、重力波等問題，無一不是透過愛因斯坦的廣義相對論進行解釋。

在廣義相對論中，愛因斯坦把牛頓的「質量引起引力重力場」的觀點引申為質量引起時空彎曲，並透過時空彎曲求解物體的運動規律。例如，牛頓認為地球圍繞太陽運動是因為太陽對地球有萬有引力，但是廣義相對論卻把這個過程解釋為太陽的質量很大，引起周圍空間的彎曲，地球的圓周運動在這個彎曲空間中實際上是一條「直線」。

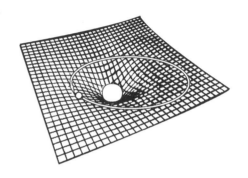

在這個理論裡，愛因斯坦提出了重力場方程式：

$$G_{\mu\nu} = R_{\mu\nu} - \frac{1}{2} g_{\mu\nu} R = \frac{8\pi G}{c^4} T_{\mu\nu}$$

這個方程看似不複雜，但它是個張量方程的簡化寫法，整個展開非常麻煩。透過求解方程式，科學家得到一些很驚豔的結果。例如德國天文學家史瓦西透過計算，得到了重力場方程式的一個特殊解。他發現這個解很奇異，有很多奇妙的性質，於是把這個解叫做黑洞，並指出宇宙中可能存在這種比較奇怪的天體。

宇宙中究竟有沒有黑洞呢？人們開始了一個世紀的尋找，直到今天，人們依然把黑洞的存在定性為「可能」。

二、霍金的貢獻

$$S_{BH} = \frac{kc^3}{hG} A$$

那麼霍金又做了什麼呢？他對這個解又進行了一些嘗試，在愛因斯坦廣義相對論的基礎之上，引入了量子場論，透過量子場論的分析，對黑洞的性質進行更加詳細的描述，例如提出了奇點理論、黑洞蒸發理論、證明黑洞面積定理等。霍金的數學基本功非常強，他的理論都是透過完美的數學運算式得到的結果，但到目前為止，以上的理論還只是推測。黑洞是否真的存在，還是一個謎，霍金也沒有因此獲得諾貝爾獎。

三、奇妙的黑洞

黑洞到底有哪些神奇的性質呢？

首先，黑洞質量非常大，以至於連跑最快的物體「光」都無法逃逸。為了理解「逃逸」的概念，我們從比較經典的例子出發，討論宇宙速度。

牛頓曾經說：一個炮彈在地面發射，如果速度比較慢，

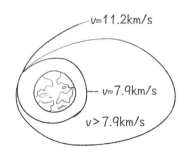

就會落回到地面。如果速度達到一定值就不會落地，而是環繞地球運動，這個速度稱為「第一宇宙速度」，大小是 7.9km/s。

如果這個速度繼續增大到 11.2km/s，物體就再也不會回到地球，而是逃逸到無窮遠處，也就被稱之為「逃逸速度」。

在經典物理裡，逃逸速度與星球質量和半徑有關：

$$v_2 = \sqrt{\frac{2GM}{R}}$$

G 是萬有引力常數，M 是星球的質量，R 是星球的半徑。

我們會發現：如果星球的質量 M 愈來愈大，而星球的半徑 R 愈來愈小，逃逸速度 v 就會增大；如果這個速度增大到光速 c，那任何物體都無法逃脫星球的引力。

於是，我們利用公式 $c = \sqrt{\frac{2GM}{R}}$ 得到 $R = \frac{2GM}{c^2}$。

這個半徑大小就稱為「史瓦西半徑」，也就是說，如果一個星球的半徑小於史瓦西半徑，就連光也逃不出去。

其實以上只是一個類比過程，史瓦西半徑是從廣義相對論那個非常複雜的方程式得到，但恰巧結果與經典物理的運算式完全一樣，為了便於大家理解，我們才姑且這樣處理。如果把地球的質量 $M = 6 \times 10^{24}$kg 代入，就會得到地球的史瓦西半徑 $R = 0.01$m。

> 也就是說當地球變成乒乓球大小時，地球就變成黑洞了。

黑洞最引人入勝的地方是會造成強烈的時空彎曲，這個概念不太好理解，我們用一個簡單的例子來說明：假如由一個引力很大的天體構成黑洞，它的外界有一個圓圈：視界，其半徑

大小就是史瓦西半徑。在視界之外，物體還有機會逃逸黑洞，但一旦進入視界，即使是以光速運動的物體，也無法逃脫黑洞。

假設 A 等速接近黑洞，A 會認為自己在等速度直線運動。但如果 B 在遙遠處觀察，他的感覺卻與 A 不同：在 B 看來，A 的速度愈來愈慢，最終當 A 接近視界邊緣時，B 會發現 A 靜止不動。在 B 看來，A 永遠都不會進入視界，而是會成為一座在視界邊緣

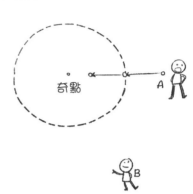

的豐碑。這就是引力造成的時間變慢效應：距離黑洞愈近，時間愈慢。

不僅是黑洞，大品質物體都會造成周圍的時間變慢，大家應該看過科幻電影《星際效應》的一個場景：幾個太空人到一個星球僅停留幾小時，而在周邊空間軌道等待他們的太空人卻在飛船上待了二十多年。

回到黑洞問題，在 A 看來，他可以進入視界，而且當 A 進入視界後，就再也出不來了，因為即便他以光速運動，也無法從視界逃逸。視界內的所有現象都和視界外無關，視界內的任何資訊都無法發送到視界外，所以可以說視界內和視界外是兩個世界。

更有趣的是，在黑洞外，時間是單向，空間是雙向。也就是說，人不能回到過去，但是可以往前運動，也可以往後運動。不過在黑洞裡面，由於時空扭曲得特別厲害，時間會變成雙向，可以回到過去。但空間卻變成單向的了，不能往回走，物體只能向前，向著黑洞中的一個點 —— 奇異點運動。

奇異點是黑洞中心一個密度無限大的點，在這個點上，一切物理規律和數學規律都失效了，類似於用 1 除以 0 這個運算式，所以我們才稱之為「奇異點」。

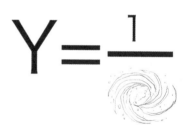

在物體靠近奇異點的過程中，距離奇異點愈近，引力差愈大，最終物體會由於兩端受力差太大而被撕裂。

黑洞如此奇妙，吸引了無數科學家的目光，但黑洞不會發出任何光，我們怎麼尋找它呢？霍金預言：黑洞視界附近可以產生正負物質對，正物質放出形成霍金輻射，負物質被吸進黑洞造成黑洞質量損失，這個過程稱為「黑洞蒸發」。根據霍金的理論，人們認為黑洞也存在壽命，而且可以透過觀察霍金輻射來尋找黑洞。

　　我們如果想銷毀一份檔案，可以用碎紙機把文件剪碎，再用火燒掉紙屑，但即便這樣，理論上說，資訊沒有消失，如果我們使用巧妙的方法進行還原，還是可以讀到原來的資訊。但黑洞不是這樣，它吞噬的所有資訊都會永遠消失，雖然黑洞在蒸發，但黑洞的蒸發是不攜帶任何資訊的，黑洞是宇宙的超級碎紙機。黑洞理論依然是宇宙學中最神奇的內容，期待著更多科學家進行討論。

如何製作原子彈？
── 質能方程與核反應

　　核武器是人類現在所掌握威力最大的武器，1945 年，美國於二戰最後階段在日本的廣島和長崎投放兩顆原子彈，耀眼的閃光和巨大的轟鳴後，二十餘萬人死傷，城市被夷為平地。

　　人們從此認識到核武器的巨大威力，二戰之後，以美、蘇兩國為首的冷戰集團，瘋狂進行軍備競賽，原子彈數量和爆炸威力直線提升。美國在日本投放的「小男孩」和「胖子」兩顆原子彈不過是二萬噸 TNT 當量（爆炸當量），可是蘇聯爆炸的沙皇炸彈卻有五千萬噸 TNT 當量。爆炸後的蕈狀雲寬達將近四十公里，高達六十公里，比珠穆朗瑪峰還高七倍多；爆炸產生的熱輻射甚至可以讓遠在一百七十公里以外的人受到三級灼傷，爆炸的閃光還能造成二百二十公里以外的人眼睛劇痛，甚至灼傷。

這才真的是閃瞎了鈦合金雙眼。

　　核武器為什麼有這麼大威力？它又是如何製作的呢？

• • • • • • •

一、質能方程式

為了解釋這個問題，我們首先要從 1905 年說起 —— 物理學上第二個奇蹟年。

之所以說是第二個是因為第一個物理學奇蹟年是 1666 年，在那一年，牛頓回到鄉下老家躲避瘟疫，結果在很短的時間內發明微積分，發現光的色散，並提出萬有引力，奠定了近代數學、光學和力學的基礎。人們認為這是前無古人、後無來者的事，就把 1666 年稱為「牛頓奇蹟年」。

然而，1905 年，還是專利局小職員的愛因斯坦連續發表了六篇論文，闡述分子動理論、相對論、光電效應等問題，每一篇都在科學史上具有舉足輕重的地位。於是後人將這一年稱為「愛因斯坦奇蹟年」。

在其中一篇論文〈物體的慣性同它所含的能量有關嗎？〉中，愛因斯坦闡述了他的觀點：物體的能量與它的質量有關，這就是著名的質能方程式：

$$E = mc^2$$

其中 E 表示能量，m 是物體的質量，而 c 表示真空中光速 $c = 3 \times 10^8 \text{m/s}$。

如果物體的質量 $m = 1\text{kg}$，按照這個方程式計算，這個物體的能量有 $9 \times 10^{16}\text{J}$，相當於二千噸 TNT 炸藥爆炸釋放的能量。

但怎麼從沒見過一公斤的物體有這麼大威力呢？這是因為只有在核反應過程中，這個公式才會用到。

．．．．．．

二、連鎖反應

二十世紀初，人們已經認識到原子是由原子核和核外電子構成的。發現這種結構的科學家拉塞福特別喜歡使用 α 粒子（氦原子核）轟擊各種其他物質。

例如，在 1917 年，他使用 α 粒子轟擊氮 (N) 原子核，產生了氧 (O) 原子核和質子 (p)。

$$_2^4 \text{He} + _7^{14} \text{N} \rightarrow _8^{17} \text{O} + _1^1 \text{p}$$

這是人類第一次觀測到原子核的變化，由於是人為使用一個粒子撞擊原子核，促使原子核發生變化，因此稱為「人工核反應」。

1938 年，德國科學家奧托・哈恩第一個發現了鈾的核分裂現象。

他使用中子 (n) 轟擊鈾 (U) 原子核，發現了鋇 (Ba) 元素，反應方程是：

$$_{92}^{235} \text{U} + _0^1 \text{n} \rightarrow _{92}^{236} \text{U} \rightarrow _{56}^{144} \text{Ba} + _{36}^{89} \text{Kr} + 3_0^1 \text{n}$$

在這個反應中，一個中子射入撞擊到鈾原子核上，使鈾 -235 轉化為鈾 -236，又繼而變為鋇 -144、氪 -89 和三個中子。如果鈾的體積和質量夠大，這三個中子會繼續和三個鈾 -235 進行核反應，形成九個中子⋯⋯這樣一來就會形成一種「雪崩效應」，短時間內產生許多次核反應。

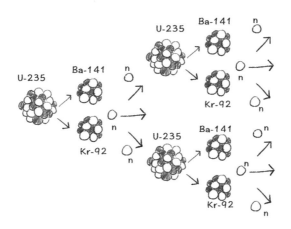

人們把這種反應稱為「連鎖反應」，在這個反應過程中，質子和中子的總量並不發生變化，但平均每個質子和中子的質量卻減少了 $\Delta m = 0.3578 \times 10^{-27}\text{kg}$，也就是發生質量虧損。根據愛因斯坦的質能方程式，這一部分質量虧損會轉化成相應的能量 $\Delta E = \Delta mc^2 = 201\text{MeV}$。

當時世界正籠罩在第二次世界大戰的陰霾之中，納粹組織了以著名科學家海森堡為首的科學家團隊，進行原子彈的研發。可是進展卻十分緩慢，原因之一是一大批有猶太血統的科學家，如愛因斯坦、赫茲等人，都被希特勒嚇跑了，納粹的內耗也相當嚴重，無法集中全部資源進行統一的研究工作。

● ● ● ● ● ●

三、曼哈頓計畫

日本偷襲美國珍珠港後，美國被正式捲入戰爭。當時的美國

已經是世界第一的工業強國，工業實力有目共睹，珍珠港事件又讓美國全國上下同仇敵愾。得知納粹德國正在進行原子彈研製計畫時，許多美國軍方的科學家都建議搶在希特勒之前研製成實用的原子彈，他們為此慫恿愛因斯坦幫忙。

愛因斯坦是美籍德國猶太人，當時已經五十多歲了，在世界上享有巨大的聲譽，納粹上臺後，他逃到了美國，寫信給羅斯福總統說：「如果納粹率先研製出原子彈，那對全世界都是一個災難。」在愛因斯坦的號召下，美國政府集合了以歐本海默為首的一大批科學家，展開了歷時三年的「曼哈頓計畫」。

願世界和平！

在原子彈製造的過程中，最難的問題是如何將鈾進行純化。原子彈的原料鈾 -235 在自然界的鈾中只占 0.7%，其他的是它的同位素鈾 -238。為了使連鎖反應能夠發生，鈾 -235 的濃度必須達到某個值以上。因為如果濃度太低，核分裂放出的中子無法撞擊到下一個鈾 -235 原子核上，連鎖反應無法繼續進行。「曼哈頓計畫」大部分時間都在研究如何進行鈾濃縮，到二戰結束，美國純化的鈾剛好足夠製造一顆實驗炸彈和兩顆實戰用彈。

不僅鈾的濃度要夠高，體積也要夠大，稱為「臨界體積」。因為原子核相較於原子非常小，如果鈾的體積不夠，產生的中子很可能在原子核外的空間飛出去，連鎖反應也無法繼續進行。

一個簡單的原子彈模型如下：

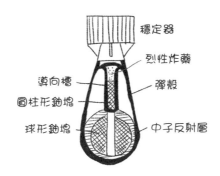

穩定器

烈性炸藥

導向槽

彈殼

圓柱形鈾塊

球形鈾塊

中子反射層

　　在彈殼中有兩塊濃縮鈾 -235，二者之間有一塊柱狀鈾棒，三者都沒有達到臨界體積，因此不會爆炸。在原子彈引爆時，柱狀鈾塊上方的炸藥爆炸，將鈾棒推入兩塊鈾之間，三者合在一起之後體積超過臨界體積，原子彈爆炸。在鈾塊外面的中子反射層用來反射中子，以減小臨界體積。

　　原子彈的巨大威力造成了無差別攻擊，使日本軍人和普通民眾同樣承受了巨大傷亡。愛因斯坦獲知這一消息後悔不已，說自己把原子彈從一個瘋子（納粹）手中奪下來，又交給了另一個瘋子（美國）。

四、熱核融合

　　不僅如此，二戰之後，整個世界籠罩在核陰影之中。美、蘇等國家不僅瘋狂製造原子彈，更製造出一種威力更大的核武器——氫彈。

　　人們發現：氫元素的兩種同位素氘 ($^2_1$H) 和氚 ($^3_1$H) 原子核距

離非常近時，會變為一個氦 (He) 核和一個中子 (n)，核反應方程
式是：

$$_1^2\text{H} + _1^3\text{H} \rightarrow _2^4\text{He} + _0^1\text{n}$$

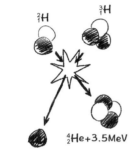

$_1^2$H $_1^3$H

$_2^4$He+3.5MeV

n +14.1MeV

在這個過程中，原子核質量會減
少 $\Delta m = 0.0189\text{u}$，同時釋放能量 $\Delta E =$
17.6MeV。與同質量的鈾核分裂相
比，核融合放出的能量要大很多，太
陽發光的核反應原理就是這樣。

但要實現核融合，首先要將氘核
和氚核之間的距離減小到 $10^{-15}m$ 量
級，由於原子核之間帶正電，這個過程需要巨大的能量。人們想
到使用加熱到幾百萬克耳文的辦法引發核融合，因為在極高溫度
時，原子動能非常大，原子核可以憑藉巨大的動能克服庫侖排斥
力。

用什麼辦法才能獲得這麼高的溫度呢？普通炸藥是無法達到
這個溫度的，於是人們想到了原子彈。

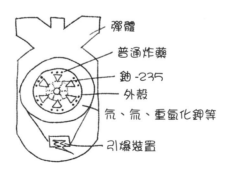

彈體

普通炸藥

鈾-235

外殼

氘、氚、重氫化鋰等

引爆裝置

一個簡單的氫彈原理是這樣的：在核融合材料內部，有普通炸藥和鈾 -235。引爆氫彈時，先將普通炸藥引爆，造成鈾 -235聚集在一起，使之超過臨界體積，原子彈爆炸。核分裂反應釋放的巨大能量產生高溫引發核融合，核融合開始後，自身產生的熱量就可以維持反應一直進行下去。氫彈爆炸時，中心溫度可達一百億度，比太陽的溫度還要高。

冷戰時，美、蘇兩國儲備的核武器可以把地球毀滅幾十次，人們說：如果核戰爭爆發，下一次人類的戰爭可能只能使用木棒了。也正是因為核武器有「同歸於盡」的巨大威力，沒有人敢輕易使用核武器，所以在日本遭受原子彈襲擊之後，七十多年來，核彈都沒有再次應用於戰場。

同時，人們利用核分裂技術製造了用於發電的核電廠，相較於普通的火力發電廠，核電廠燃料消耗小，對環境的汙染小，而且幾乎是一種「取之不盡」的能源。

晶片為什麼這麼難做？
——晶片的基本原理與製作

我們都知道，小到手機，大到太空梭，現在生活中各方面的電子設備都需要一種叫做晶片 (chip) 的小東西，晶片到底是什麼呢？

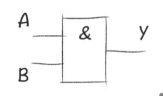

一、晶片是什麼？

簡單來說，晶片是一個小型化的積體電路，在很小的體積上製作許多半導體元件，並且利用半導體元件實現一定的功能。例如電腦中的 CPU 就是晶片，可

以進行運算處理；電腦中的快閃記憶體 FLASH 也是晶片，可以實現資訊的快速儲存。

晶片的作用巨大，研發晶片需要許多高級人才，並且需要長時間、高投入，中國過去還屬於發展中國家，晶片產業並沒有進行大量投入，造成現在中國晶片國有化率特別低。2018 年 4 月 16 日，美國政府宣布對中國某企業實行禁售，瞬間掐住了中國的脖子。

當前中國核心集成電路的中國產芯片占有率

系統	設備	核心集成電路	中國產芯片占有率
計算機系統	服務器	MPU	0%
	個人電腦	MPU	0%
	互業應用	MCU	2%
通用電子系統	可編成邏輯設備	FPGA/EPLD	0%
	數位訊號處理設備	DSP	0%
訊息裝備	移動通信終端	Applicaton Processor	18%
		Communication Processor	22%
		Embedded MPU	0%
		Embedded DSP	0%
	核心網路設備	NPU	15%
內存設備	半導體儲存器	DRAM	0%
		NAND FLASH	0%
		NORFLASH	5%
		Image Processor	5%
顯示及視頻系統	高清電視／智能電視	Display Processor	5%
		Display Driver	0%

　　中國不是沒有大力發展晶片的時候，二十年前，就提出要大力發展晶片產業。在這個大環境下，2003 年，上海交大軟體與微電子學院院長陳進製作了一款晶片：漢芯一號，經過測試達到了世界一流水準，陳進也因此獲得了無數榮譽。

　　2006 年，陳進的一位研究生在清華大學水木 BBS 爆料：「漢芯一號」其實是陳進在美國購買摩托羅拉飛思卡爾 56800 的晶片後，雇用工人將表面的字樣用砂紙磨掉，再找浦東的一家公司打上「漢芯一號」字樣，並加上 Logo，以此騙取政府一億一千萬人民幣的科研經費。

科學研究，
誠信為本。

經過調查屬實，陳進被取消一切榮譽，並被上海交大開除。但這件事卻成為中國晶片產業的分水嶺，從那之後，晶片專案的審查非常嚴格，十幾年裡，中國的晶片產業並沒有獲得預期的進步。

. . . .
二、二極體

為了帶大家了解晶片的基本原理，我們先從一個比較簡單的半導體元件二極體說起。

二極體是一種基本的半導體元件，它的基本結構是 PN 接面。

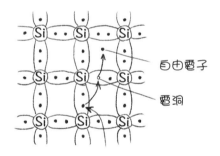

我們知道矽是一種半導體材料，它的周邊有四個電子。正常情況下，矽是不帶電的，但如果某個電子飛出原子的束縛成為自由電子，原來電子的位置就形成一個「電洞」，電洞是帶正電的。

與矽不同的是，硼元素周圍有三個電子，相較於矽少一個電子。如果把硼元素摻雜到矽元素中，矽與硼之間就會形成一個電子空位，相當於一個正電荷。這種半導體就稱為「電洞導電型半導體」或「P 型半導體」。相反，磷的最外層有五個電子，如果把磷摻雜到矽中，磷與矽之間就會多出一個電子，這種半導體就稱為「電子導電型半導體」或「N 型半導體」。

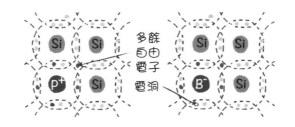

假如在一塊半導體矽上摻入三價的硼和五價的磷，各占一半，這樣就形成一種基本的結構：PN 接面。

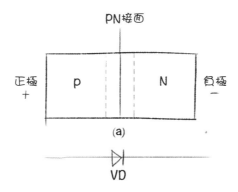

PN 接面中央會出現相互滲透的空乏區，由於一些物理機制，造成 PN 接面只允許電流從 P 端向 N 端流動，卻不允許 N 端電流向 P 端移動，這就是二極體的單向導電機理。

. . . .

三、及閘、或閘和反閘

有了二極體，我們就可以實現一定的邏輯運算。基本的邏輯運算有「與」、「或」、「非」三種。為了理解這三種關係，我

們用一個簡單電路做個比方。

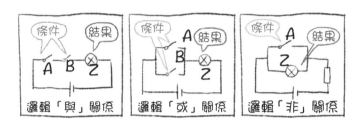

例如兩個開關與燈泡串聯，只有兩個燈泡都閉合時，燈泡才會發光，這就是邏輯「與」。如果兩個開關並聯，再與燈泡串聯，只需要閉合一個開關，燈泡就會亮，這就是邏輯「或」。如果開關與燈泡並聯，開關閉合時燈泡被短路，燈泡不發光，反而是開關斷開時，電流會流過燈泡，燈泡發光，就稱為邏輯「非」。

在邏輯電路中，用高電壓和低電壓分別表示兩種不同的狀態，與二進位中的「1」和「0」對應。這樣一來，邏輯「與」的關係就是：如果 A 和 B 兩個輸入端都是高電平，則輸出 Y 是高電平；只要有一個輸入端是低電平，輸出就是低電平。它的真值表和符號如下：

A	B	A 與 B
1	0	0
0	1	0
0	0	0
1	1	1

我們把能夠實現這種邏輯關係的電路稱為「及閘」，符號如下：

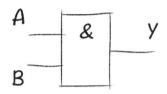

同樣，我們還有或閘和反閘，符號如下：

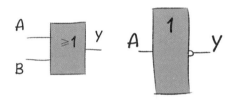

同樣地，邏輯「或」和邏輯「非」也有類似的關係。

. . . .

四、閘電路的物理實現

及閘如何進行物理實現呢？這就要用到二極體了。我們用接近 5V 的電壓表示 1，接近 0V 的電壓表示 0，透過兩個二極體依以下的方法進行連接。

我們會發現：如果 A 和 B 都輸入 5V（高電平），整個電路各部分電壓都是 5V，於是 Y 端也是 5V（高電平）。但

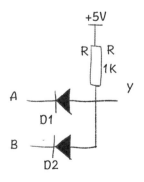

是如果 A 輸入 0V（低電平），這樣二極體 A 就會導通，由於二極體正向導通電壓很小，這樣 Y 就接近 0V（低電平）。同樣，B 端輸入 0V 時，Y 端也輸出低電平，這樣就實現了邏輯與運算，或閘和反閘也有類似的結構。

　　利用「及閘」、「或閘」和「反閘」，人們就可以實現各式各樣的計算需要。例如，我們可以利用它們實現一位數的加法，它的閘電路邏輯圖如下：

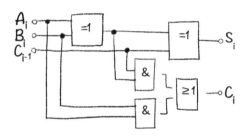

　　電腦需要實現的功能比一位數加法要複雜得多，所以需要的閘電路也複雜得多。第一代電腦使用更為原始的真空管組成，世界上第一臺通用電腦「ENIAC」在 1946 年於美國賓夕法尼亞大學誕生，它是一個龐然大物，用了一萬八千個真空管，占地一百七十平方公尺，重達三十噸，耗電功率約一百五十千瓦，每秒鐘可進行五千次運算。而且每幾分鐘都有真空管損壞需要更換，程式設計也非常複雜。

　　而現代的 CPU 把幾十億個電晶體放在一個指甲蓋大小的晶片上，每秒可以實現幾十億次運算，每一個電晶體顯然都非常小，這麼小的結構是如何製作的呢？

． ． ． ． ． ．
五、晶片的製作流程

　　晶片的製作可以分為三個階段。

　　第一個階段為設計。是研究為了實現某些功能，晶片中的各種半導體元件應該如何進行排布和組合。這個階段最為困難，因為設計晶片雖然本質上是搭積木的遊戲，但需要在很小的空間裡搭上億個半導體元件 mos 管，每個管子的尺寸達到奈米量級，這難度就相當大了。頂級晶片廠商英特爾在美國的研發部門有上萬人，其中有八千多個博士，可見研發難度之大。目前中國的晶片產業研發還集中在中低端領域，高端晶片研發基本為零。

　　第二個階段為製作。需要使用「光刻」的方法，因為尺寸太小，使用普通機械方法無法加工，必須使用紫外線照射方法進行加工，因此就稱為光刻。目前世界上只有少數幾個廠商能夠製作光刻機，價格非常昂貴，一臺光刻機就要數億美元，而且由於貨源稀少，即使是這個價格，依然供不應求。製作階段有許多企業參與，例如臺灣的「聯發科」、「台積電」。

　　具體來說，要先將沙子融化還原。沙子就是二氧化矽，從中提取出單質矽，並且切成矽片，然後在矽片上塗上一層光刻膠。

　　下一步就是利用設計好的範本，使用紫外線照射塗有光刻膠的矽片，相當於把電路圖畫在矽片上。

　　照射好之後，再用化學溶液清洗。由於光刻膠的性質，被光照射的部分和沒有被光照射的部分，其一會被洗掉。

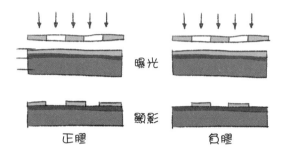

之後，將雜質在矽片表面進行沉積。一部分沒有光刻膠覆蓋的部分就有了雜質，而被光刻膠保護的部分就沒有雜質。隨後洗去光刻膠，就形成我們需要的一部分結構。

由於現代的晶片結構非常複雜，所以需要多次進行塗膠沉積操作，這樣才能形成多層結構。

第三個階段是封裝與測試。晶片製作好後需要切割、連接外部電路，同時對晶片的能力進行測試。這是晶片製作的收尾階段，中國企業在這方面參與較多。

雖說晶片的原理大家都清楚，但無論是設計或製作，都需要鉅額的資金、人才和時間的投入。因為晶片實在太小了，空氣中有些灰塵，工廠中有些振動，都會造成晶片無法使用。有人問為什麼中國能做出原子彈、氫彈，能把太空梭送上天，卻造不出小小的晶片呢？實際上，晶片的確是人類智慧最頂尖的成果，難度就是比太空梭還要大。

羅馬不是一天建成的，英特爾等晶片廠商的技術優勢也不是一天積累的。在晶片產業上，中國還有很長的路要走。

第三章

身邊的科學

S-C-I-E-N-C-E

天空為什麼是藍色的？
── 瑞利散射、太陽光的組成

　　我們小時候也許都問過家長，天空為什麼是藍色的？這個問題恐怕多數家長都回答不出來。當我們長大變成家長，孩子們又會問同樣的問題，這彷彿成了一個千古難題。在湖南衛視《天天向上》節目裡，汪涵是這樣回答的：「天空是藍色的，因為大海是藍色的；大海是藍色的，因為海裡面有魚，魚會吐泡泡，blue、blue、blue，就把海染藍了。」

　　現在好了，看完這篇文章，你終於可以回答這個問題了。

. . . .

一、瑞利散射

　　我們知道空氣是由 78% 的氮氣、21% 的氧氣和 1% 的其他氣體構成，空氣中還存在一些雜質，例如固體顆粒、小水滴、小冰晶等。當光線射入大氣層時，由於氣體分子並不均勻和雜質的影響，光線就會發生散射，就是將原本平行射入的光變為雜亂的方向。

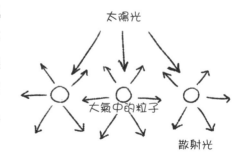

　　這樣一來，原本向某個方向照射的太陽光，就會把整個天空照亮。如果沒有大氣的散射作用，就算在白天，天空中大部分還是黑的，就好像月亮表面上一樣。太陽光並不是單一波長的光，而是許多單色光合在一起構成的複色光，波長在 400 ～ 760nm 之間的光可以被人眼看到，稱為可見光。可見光可以分解為七種不同顏色，按波長從長到短依序為紅、橙、黃、綠、藍、靛、紫。除此之外，波長大於紅光的不可見光稱為紅外線；波長比紫光短的不可見光稱為紫外線。

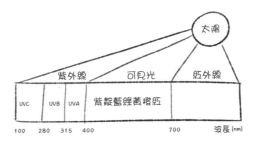

　　太陽光的各種成分能量不相同，主要的能量集中在可見光。這是很好理解的，人眼在進化過程中為了適應太陽，就把眼睛進化為對太陽光中能量最強的部分最為敏感。

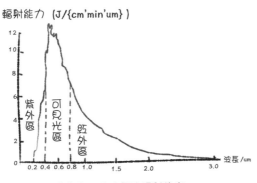

陽光在不同波長的輻射強度

　　不同波長的光散射能量也不相同，卡文迪許實驗室第二位主任、英國物理學家約翰·斯特拉特（第三代瑞利男爵）研究了光的散射問題，並得出著名的瑞利散射公式。

　　瑞利指出：光被遠遠小於光波長的微小顆粒散射，散射光的強度與波長的四次方成反比。也就是說，波長愈長，散射能力愈差；波長愈短，散射能力愈強。

　　在可見光中，紫光散射能力最強，而紅光的散射能力最弱。

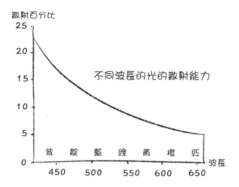

　　同時，人的眼睛中有三種可以感覺顏色的視錐細胞，分別可以感受紅色、綠色和藍色，每種細胞對不同波長的光感受能力不同。相比來講，人眼對黃綠色光最為敏感，這也恰好是太陽光中能量最集中的部分。

　　現在我們知道了：太陽光的能量分布在可見光最多，短波長散射能力最強，人眼對黃綠色光最敏感，三個因素疊加在一起，最終人眼感受到天空的顏色就是藍色了。不僅是天空，廣闊的透明體，如水、玻璃等，也會呈藍色。

二、朝陽和夕陽為什麼是紅色的？

利用這個原理，還可以解釋許多問題，例如早晨和傍晚的太陽光是偏紅色的。這是因為中午的時候，太陽光垂直射向地面，需要穿透的大氣層比

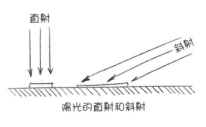

陽光的直射和斜射

較薄。大部分的陽光都能到達地面，太陽看起來就是白色的。但早上和晚上，太陽光斜射向地面，在大氣中經過的路程比較長。在這個過程中，短波長的光由於散射能力強，在經過地球大氣時，大部分都已散射，餘下的光就是散射能力最弱的長波長的光，於是就呈現紅色。

三、紅月亮是如何形成的？

另一個很神奇的現象也可以用這個理論解釋：紅月亮。由於地球對太陽光的遮擋，在地球背面形成了本影區和半影區。在本影區，太陽光完全被遮擋；在半影區，一部分太陽光被地球遮擋。

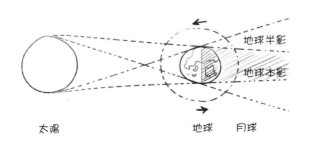

　　如果月球處於地球的本影區，就會出現月全食；如果月球一部分在本影區，一部分在半影區，就會出現月偏食。當月球掃過地球的本影區時，就會出現月偏食—月全食—月偏食的變化。

　　按理說發生月全食時，月球應該消失不見，但事實上，月球會變成暗紅色。

　　這是因為太陽光經過地球表面時，大氣會把陽光進行折射，類似一個凸透鏡的作用，使原本接近平行的太陽光向內偏折，這樣就能夠照亮本影區中的月球。

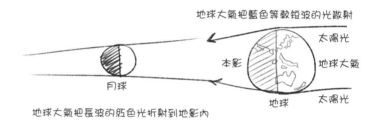

地球大氣把藍色等較短波的光散射

太陽光

地球大氣

本影

地球

太陽光

月球

地球大氣把長波的紅色光折射到地影內

　　由於此時太陽光需要在大氣中通過很長的路程，散射能力較強的短波長光都被散射掉了，能夠通過的陽光主要是波長較長、散射能力較差的紅光。所以紅光照射到月球上，就把月球照成了血月。紅光散射能力差，穿透能力最強，因此交通信號燈也採用紅燈表示禁止通行。

　　看似簡單的問題——天空為什麼是藍色的，其實並不簡單，它蘊含了深沉的物理道理，這個問題直到一百年前才真正被人們解釋清楚。

星星為什麼是黑白的？

── 眼睛和視覺

夜晚遙望天空，會看到許許多多閃亮的星星。除了在地球附近的幾顆行星之外，能夠被我們看到的星星都是遙遠的恆星。恆星就是像太陽一樣的天體，可以發光發熱。

恆星距離我們非常遙遠，例如離我們最近的比鄰星都有 4.2 光年。也就是說，它發出的光需要經過 4.2 年才能到達地球，我們此刻看到的比鄰星，其實是它 4.2 年之前的樣子。一些恆星距離地球有幾十億光年之遠，我們看到的甚至可能是它們剛剛形成時的樣貌。大家有沒有發現，這漫天的星斗，肉眼看去基本上都是黑白的，只有亮暗之分，卻很難區分它們的顏色，那麼恆星都是白色的嗎？

一、恆星的顏色

實際上，恆星的顏色大概可以分為紅色、橙色、黃色、白色和藍色，這是由於恆星表面的溫度不同所造成，溫度很低的恆星呈紅色，而溫度很高的恆星呈白色。

溫度不同時，恆星的顏色為什麼不同呢？這就回到了我們之前討論過的問題 ── 黑體輻射：黑體會輻射各種波長的電磁波，

如果溫度愈高，峰值（能量最高的電磁波）波長愈短。

　　在可見光中紅光波長最長，紫光波長最短。當溫度比較低時，恆星輻射的能量集中在長紅光一側，所以恆星表現為紅色；當溫度很高時，恆星輻射能量集中在紫光一側，但是人的眼睛對紫光不敏感，而對鄰近的藍色光敏感，所以就表現為藍色恆星。

· · · · · · ·
二、視錐細胞和視桿細胞

　　既然如此，為什麼我們看到的星空是黑白的呢？這又是人的眼睛結構所決定的。

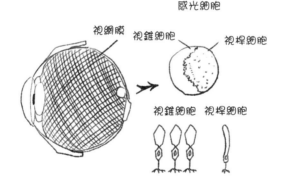

　　人的眼睛相當於一臺高級照相機，光線經過角膜和水晶體，就好像通過照相機的鏡頭一樣，光線會匯聚到後面有感光細胞的視網膜上，感光細胞感受到光照後，會把資訊傳給大腦。

　　感光細胞有兩種：視錐細胞和視桿細胞。

　　每隻眼睛大約有七百萬個視錐細胞，又可以分為三種，分別

感受紅色、綠色和藍色。三種視錐細胞配合起來，就能感受到五顏六色的世界。不過，視錐細胞只能在強光下工作。

視桿細胞的作用剛好與視錐細胞互補，每隻眼睛大約有一億二千萬個視桿細胞，對光子的感受能力比視錐細胞強一百多倍，一個光子就可以激發視桿細胞的活動，所以在強光和弱光下都可以工作。但是，視桿細胞不能辨別顏色。

也就是說，只有在強光下，視錐細胞才能發揮作用，人們才能分辨顏色；在弱光下，只有視桿細胞才能發揮作用，因此人們不能辨別顏色。

許多動物的眼睛裡都沒有視錐細胞，所以不能辨色，如豬、狗、牛等，其實都不能辨色，在牠們的眼中世界都是黑白的。西班牙鬥牛士經常用一張紅布鬥牛，但實際上，牛對紅色並沒有特殊感覺，只是討厭有人用抖動的布挑釁牠而已，之所以是紅色的，主要是為了讓觀眾看得更清楚。

這種現象是進化的結果，因為許多動物為了保護自己，夜間也需要清晰的視覺，所以對視桿細胞的需求要大於對視錐細胞的需求。相反，許多鳥類都有比人類更強的辨色能力，同樣是進化的結果，因為鳥類要透過顏色辨別地面上的昆蟲，從而進行捕食。

現在我們就能解釋肉眼看星星為什麼只有黑白的了，因為遙遠的恆星發射的光到達地球時，光線已經很微弱，所以只有視桿細胞才能感受到這些星光，視錐細胞不能工作，而視桿細胞又無

法分辨顏色，因此看到的星星就只是黑白的。

三、一個有趣的光學實驗：盲點

你有沒有發現：如果盯著一顆很暗的星星，它會消失不見。如果把目光移向別處，它卻又冒出來，這是為什麼呢？這是因為視錐細胞和視桿細胞並不是均勻分布在視網膜上，在中央凹附近，視錐細胞是最密集的，所以可以最清楚地分辨物體的顏色。當我們注視一個點，角膜和水晶體就會將這個物體的像呈現在這個位置，但這個位置沒有視桿細胞，如果一個物體發射的光太暗，只有視桿細胞能看到它，我們盯著它看，將它成像在中央凹處，但這裡沒有視桿細胞，於是它就消失不見了。

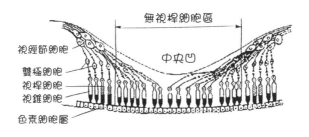

　　關於眼睛，還有一個很神奇的現象：盲點。由於感光細胞必須經過視神經連接到大腦中，視神經在視網膜上有一個節點，稱為視神經乳頭，這個地方沒有感光細胞。如果物體的像呈現在這個部位，就沒有辦法被大腦感知到。

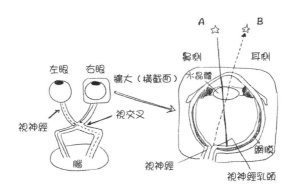

　　找盲點的方法也很簡單：在一張紙上相距十公分左右處各畫一個小五角星 A 和 B，閉上左眼，用右眼觀察左邊的五角星 A，此時 A 會成像在中央凹處。前後移動頭，在某個合適的位置，B 會成像在神經節處，此時餘光就無法看到 B 了。

　　眼睛是一個非常神奇的器官，物體發射的光線進入眼睛，才讓我們感受到這個豐富多彩的世界。

3.3

正常夫妻為什麼會生出色盲孩子？

——遺傳：顯性基因和隱性基因

　　我們之前講過眼睛有兩種感光細胞：視錐細胞能分辨顏色，視桿細胞不能分辨顏色，但感光能力強。魚類、鳥類和爬行動物的視網膜都有大量的視錐細胞，因此可以辨別顏色；哺乳動物中有辨色能力的不多，但夜視能力卻比較好；靈長類動物能夠辨色，當然也包含人類。

　　但不是所有人的辨色能力都相同，英國化學家、近代原子論的創立者道爾頓是色盲的發現者，所以色盲症也被稱為「道爾頓症」。

　　有一年的聖誕節，道爾頓為母親買了一雙深藍色的襪子以表示對長輩的孝道。當他送給母親時，母親卻厲聲責問他，為什麼買一雙紅色襪子。依照當地宗教習俗，婦女禁忌紅色。由此道爾頓才發現自己的辨色能力與眾不同。經過認真調查，發現哥哥也和他一樣具有不正常的辨色能力，另有一些人也具有此病症。1798 年，他出版了第一部論述此問題的科學專著《關於色彩視覺的離奇事實》。

牛頓有蘋果，而我有襪子！

　　現在我們認識到色盲是一種很常見的遺傳問題，並不能稱之為疾病。在某些特定的情況下，色盲人群會比普通人群更加適應環境。紅綠色盲者非不能分辨任何顏色，只是對於某些顏色的感受與常人不同。如果一個人不能分辨任何顏色，只能看到黑白的世界，就稱為全色盲，全色盲在世界上比較少見。

　　色盲到底是如何形成的呢？

一、孩子的性別是如何決定的？

　　為了解釋這個問題，要先解釋一下基本的遺傳學原理。我們知道人的某種特性都是由基因決定，而基因的載體是染色體，人體有二十三對、四十六條染色體。其中二十二對染色體為常染色體，另一對染色體稱為性染色體，性染色體決定了人的性別。

　　女性的兩條性染色體大小形態都相同，稱為 X 染色體；男性的性染色體中，一條是與女性相同的 X 染色體，另一條則小得多，稱為 Y 染色體。於是常用「XX」表示女性，「XY」表示男性。

　　性成熟時，男性會產生精子，精子中只有二十三條染色體，是正常體細胞染色體數目的一半，實際上是在人體的二十三對染色體中每對隨機抽取一條形成，第二十三條染色體既可能是 X 染色體，也可能是 Y 染色體。同理，女性產生卵子，也含有二十三條染色體，其中第二十三條染色體一定是 X 染色體。當精子與卵子結合形成受精卵時，對應的染色體結合，也就是說，孩子的染色體一半源於父親，一半源於母親，尤其是第二十三對染色體，如果是兩條 X 染色體結合，就會生出女孩，如果是一條 X 染色體和一條 Y 染色體結合，就會生出男孩。

. . . .

二、顯性和隱性基因

染色體上的各種基因決定了生物體的特徵，基因在每對染色體上對應的位置成對存在，其中一個影響力大，能夠決定後代的性狀表現，稱為顯性基因；另一個影響力小，不能單獨決定後代的性狀表現，稱為隱性基因。

我們常用 A 表示顯性基因，a 表示隱性基因，一對基因就有 AA、Aa、aA 和 aa 四種可能。只要含有顯性基因，生物體就表現出顯性特徵，例如 AA、Aa 和 aA。只有一對基因都是隱性基因 aa 時，生物體才會表現出隱性特徵，例如雙眼皮就是顯性特徵，而單眼皮就是隱性特徵。

如果某些遺傳特徵的基因是位於性染色體上，就稱為性聯遺傳，色盲是典型的性聯遺傳特徵。控制色覺的基因位於性染色體中的 X 染色體上，色覺正常是顯性特徵，色覺異常是隱性特徵。

我們用 A 表示正常色覺基因，用 a 表示色盲基因，男性只有一條 X 染色體，所以色覺基因攜帶情況只有 X^AY 和 X^aY 兩種，X^AY 是顯性特徵 —— 色覺正常，X^aY 表現為隱性特徵 —— 色盲。

女性有兩條 X 染色體，所以色覺基因攜帶情況有四種：X^AX^A、X^AX^a、X^aX^A、X^aX^a，其中前三種由於有顯性基因 A，表現為色覺正常；第四種兩個色覺基因都是隱性，表現為色盲。

由於女性有兩條 X 染色體，只要一條含有顯性色覺基因 A 就不是色盲；而男性只有一條 X 染色體，如果攜帶色盲基因 a，

就是色盲，所以男性色盲率遠高於女性。全世界的男性中，紅綠色盲約占 8%，而女性的紅綠色盲約占 0.5%。色盲機率如此之高，與左撇子的機率相差無幾。如果一個班級有五十名同學，其中有色盲的機率大約是 90%，所以色盲是一種非常常見的遺傳特徵。

• • • • • • •

三、性聯遺傳規律

父母如果是色盲，孩子就一定是色盲嗎？我們不妨來分析兩種典型情況：例如一個完全正常的女性 (X^AX^A) 和一個色盲男性 (X^aY) 結合，孩子的性染色體中的一條源於母親，另一條源於父親。母親一定給出 X^A 染色體，而父親可能給出 X^a 或 Y 染色體。

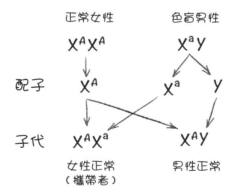

如果生的孩子是女孩，就是 X^AX^a，這種情況下，孩子的表現會是正常，但為色盲基因攜帶者，她可能會把這條色盲基因傳給下一代。

如果生的孩子是男孩，就是 X^AY，這種情況下，孩子不光表現正常，父親的色盲基因也被拋棄了，孩子的色覺基因更是完全正常。

也就是說，如果一個完全正常的女性和色盲男性結合，生的孩子一定是表現正常。但如果是女孩，將會是個色盲基因攜帶者。

如果一個色盲女性 (X^aX^a) 和正常男性 (X^AY) 結合，情況又是如何呢？母親給出一條性染色體，必然是 X^a，男性給出的性染色體可能是 X^A，也可能是 Y。

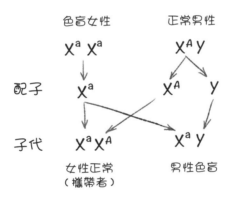

如果生的孩子是女孩，性染色體是 X^aX^A，此時女孩表現正常，但為色盲基因攜帶者。

如果生的孩子是男孩，性染色體就是 X^aY，此時男孩只有一個 a 的色盲隱性基因，因此表現為色盲。

也就是說，如果媽媽是色盲，兒子一定是色盲。

還有同學問：為什麼我的父母都正常，而我是色盲呢？這是因為你的母親一定是色盲基因攜帶者 X^AX^a，而父親是正常的

X^AY。此時如果生出女兒，性染色體情況為 X^AX^A 或 X^aX^A，都表現為正常，生出兒子是 X^AY 或 X^aY，其中 X^AY 是正常，而 X^aY 表現為色盲。也就是說，媽媽是色盲基因攜帶者，孩子有 $\frac{1}{4}$ 的機率是色盲；如果是兒子，則有 $\frac{1}{2}$ 的機率是色盲。

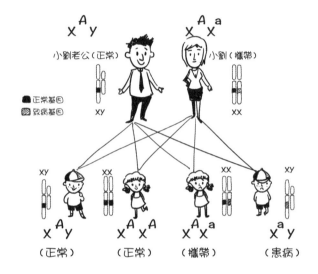

絕大多數的遺傳缺陷在生物進化的過程中都被淘汰了，但色盲能夠長期保持下來，就是因為它是最不影響生活的遺傳缺陷。而且在某些特定的情況下，例如暗光等情況下，色盲者可能會比常人具有更好的視力。但由於有些專業需要辨色能力，所以色盲的同學不能報考化學、醫學、生物、交通等相關專業，無法辨別紅綠燈的色盲人群也不能取得駕駛執照，為生活帶來了一定的不便。

雙層彩虹是怎麼回事？
—— 色散的原理

雨過天青，我們會看到美麗的彩虹，有時候還是兩道一起出現。如果大家仔細觀察，就會發現較低的彩虹

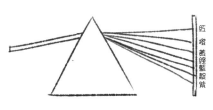

外側是紅色，內層是紫色，稱為「主虹」或「虹」，而較高的彩虹外側是紫色，內側是紅色，稱為「副虹」或「霓」，所以「霓虹」才是彩虹的全稱，而這種現象是如何形成的呢？

一、光的折射

為了解釋彩虹的形成，首先要解釋光的折射。

當光從一種介質斜射進入另一種介質時，傳播方向一般會發生變化。例如光線從空氣斜射進入水中時，折射光線會更偏向垂直水面的軸線，這個軸線稱為「法線」。

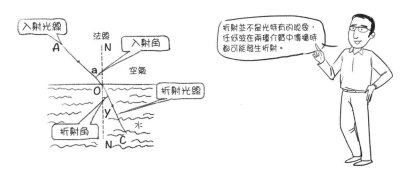

最早對折射現象進行正確解釋的人是荷蘭物理學家惠更斯。

他指出：波發生折射的原因是波在不同介質中的傳播速度不同，並且根據光的折射規律，光在空氣中傳播速度快，在水中傳播速度慢。

如右圖所示，一束平行光照射到兩種介質的介面時，各條光線並不是同時到達介面。下方的光線先到介面 A 點，上方光線此時只到達 B。隨後，A 就會在第二種介質中傳播，而光線 B 繼續在第一種介質中傳播。由於在第

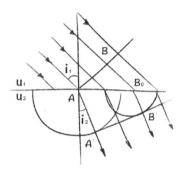

二種介質中光的傳播速度比較慢，當 B 光線從 B 傳播到介面上的 B_0 點時，光線 A 會從 A 傳播到 A' 點，並且 AA'<BB_0，這就造成了光線的偏折。宛如一輛汽車本來在柏油路上走，右前輪突然進入了沙土地面，汽車的運動方向就會發生偏折。

. . . .

二、光的色散

光在介質中的速度主要由介質決定，例如水中的光速大約是真空中的 $\frac{3}{4}$，玻璃中的光速大約是真空中的 $\frac{2}{3}$。但即便是同一種介質，不同顏色的光傳播速度也有微小的差別，就造成了不同顏

色的光在折射時的偏折程度不同。

　　我們知道白色光是由紅、橙、黃、綠、藍、靛、紫七種顏色的單色光所構成，如果一束白光進入介質，由於每種色光偏折程度不同，出射時就不再是白色，而是分成了七種顏色，這個現象就稱為「色散」，最早是由牛頓所發現。

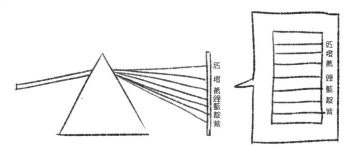

　　如上圖所示，牛頓讓一束白光通過三稜鏡，他發現：射出光分為七種顏色。相較於原來的入射方向，紅色光偏折最小，紫光偏折最大，這個規律在任何介質折射時都適用。

　　當空氣中有小水滴時，光線進入小水滴會發生折射和反射。由於上述的原因，不同顏色的光在發生折射時，偏折程度不同，不同顏色的光彼此分開，人們就觀察到五顏六色的彩虹。

. . . . . .
三、虹的形成

　　我們先來解釋一下主虹（虹）的形成。

　　光線進入水滴時，可能會發生兩次折射和一次反射，然後射出水滴，如下頁圖所示。

光線先透過一次折射進入水滴，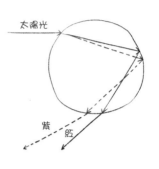
再透過一次反射和一次折射射出水
滴。由於色散的原因，對於同一顆水
滴的出射光，紫色光偏折程度大，偏
向水平；而紅色光偏折程度小，偏向
豎直，就形成紫光在上、紅光在下的
情況。在紅光到紫光之間，分布著橙、黃、綠、藍、靛等顏色。

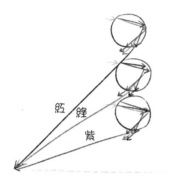

當人們進行觀察時，空氣中分
布的許多水滴都會形成類似的效
果，如左圖所示。

大家注意：同一顆水滴發出的
光不能全部進入我們的眼睛，因為
一顆水滴色散後的光線是向不同方
向發射，我們接收的是不同水滴射
出的光。這樣一來，接收到的最上方的光更加偏向豎直，相較於
原來的入射方向偏角最小，是紅色；最下方的光線更加偏向水
平，相較於原來光線的入射方向偏角最大，因此是紫色，於是就
看到外紅內紫的主虹。

● ● ● ● ● ● ●
四、霓的形成

副虹（霓）的形成原因類似，只不過它是光線在水滴中進行
了兩次折射和兩次反射而形成。

如右圖所示，在這種情況下，由於紅光偏折程度小，射出時更加偏向水平；紫光偏折程度大，射出時更加偏向豎直，剛好與主虹相反，於是就造成了外紫內紅的效果。

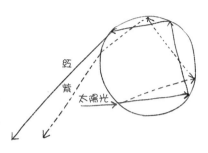

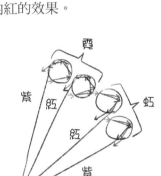

一般而言，虹與霓會同時出現，而且霓更高，只是因為霓多了一次反射，比虹弱很多，所以有時候人們認為只有一道彩虹。

美麗的彩虹讓人們產生了諸多幻想，古希臘人認為彩虹女神伊麗絲是宙斯的使者，但是只有科學才能讓我們真正認識自然，了解自然。

炎熱的夏天為什麼總覺得馬路上有水？
── 海市蜃樓的原理

不知道大家在炎熱的夏天，有沒有看過這樣的現象：在不遠的前方，路面上好像有一灘水，還映出了前車的倒影，但走近一看，路面上根本沒有水。你並沒有出現幻覺，這是一種光的折射和全反射現象，通常稱為「海市蜃樓」。

• • • • • •

一、司乃爾定律

我們在上一節說過，光在不同介質間傳播的時候，方向通常會發生變化。例如一束光從空氣斜射進入水中，會向下偏折。出現折射的原因是因為光在不同介質中的傳播速度不同。人們用折射率 n 表示光在不同介質中傳播速度的不同，折射率 n 等於真空中光速 c 與介質中光速 v 的比：$n=\dfrac{c}{v}$，也就是說，介質的折射率 n 愈大，光在介質中傳播的速度 v 愈小。

顯然真空中光速 $v=c$，折射率 $n=1$。空氣中光速接近於真空中光速，因此其他介質中光速都小於真空中光速，折射率 $n>1$。

介質	折射率
空氣	1.0003
冰	1.309
水（20℃）	1.333
普通酒精	1.360
麵粉	1.434
玻璃	1.500
翡翠	1.570
紅寶石	1.770
水晶	2.000
鑽石	2.471

折射率主要由介質材料所決定，但是與光的波長也有一定關係，這就是上述的色散現象，上表中的折射率指的是這種材料對光的平均折射率。

光線在折射率不同的兩種材料中傳播時，角度的關係滿足司乃爾定律，用荷蘭物理學家威理博‧司乃爾的名字命名。

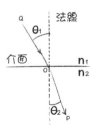

$$n_1 \sin \theta_1 = n_2 \sin \theta_2$$

　　n 是折射率，θ 是介質中光線與法線的夾角，$\sin\theta$ 是正弦函數，在 $0 \sim 90^\circ$ 的區間內是一個遞增函數，也就是說，角度 θ 愈大，$\sin\theta$ 也會愈大。透過這個公式發現，如果材料的折射率 n 比較大，介質中的角度 θ 就小，這種介質稱為「光密介質」；如果材料的折射率 n 比較小，介質中的角度 θ 就大，這種介質稱為「光疏介質」。

　　例如空氣相對於水就是光疏介質，水相對於空氣就是光密介質。光從空氣射入水中，折射率變大，折射角小於入射角，因此光線向法線偏折。

- - - - - - -

二、全反射現象

　　如果光線從水中射入空氣中，情況又是如何呢？由於水是光密介質，角度較小，空氣是光疏介質，角度較大，因此光線會向水面偏折。如果增大水中光線的入射角，空氣中的折射角也會增大，在某個時刻，空氣中的折射角達到 90°，此時就稱為「掠出射」。如果繼續增大入射角，折射光線無論折射向哪裡都不合理。此時會出現一種奇特的現象，折射光線消失，只剩下反射光線，這種現象就稱為「全反射」。

光線以不同角度射出水面

全反射在生活中有很多應用，例如光纖就是利用光線在內芯和外套之間反覆全反射傳播訊號。

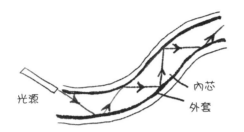

光源　　　　　內芯
　　　　　　　外套

・ ・ ・ ・ ・

三、海市蜃樓

蜃嘛，就是龍的其中一個兒子。

現在我們就可以解釋「海市蜃樓」了，先說說什麼叫「蜃」呢？

龍生九子，各不相同，其中有一個兒子就叫蜃，蜃喜歡吞雲吐霧，在海上把東西都吞到肚子裡，一會兒又吐出來，這時人們就可以看到有些東西浮在海平面上。這只是一種神話傳說，「海市蜃樓」實際上是一種光的折射現象，在海洋和沙漠中都可能出現。

在海洋上，海水比熱更大，也就是說，在接受太陽照射時，海水不容易升溫。在強烈的太陽照射下，靠近

海水的地方，空氣溫度比較低，密度較大，折射率較大，屬於光
密介質；高層空氣溫度較高，空氣受熱膨脹，密度較小，折射率
較小，是光疏介質。光線從光密介質射向光疏介質，就像從水中
射向空氣一樣，折射角變大，光線會趨於水平。假如海面上有一
艘船，這艘船反射出的光線向上射，就會在各個不同的空氣層之
間發生折射，發生彎折。

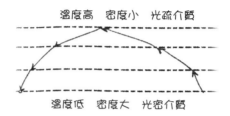

如果在還沒有發生全反射時，光線就進入人眼，會以為物體
在遠方的高處，形成正立的蜃景；如果光線在傳播過程中發生全
反射，人們逆著光線看去，就會看到倒立的蜃景。

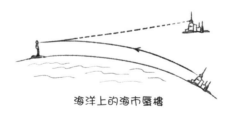

海洋上的海市蜃樓

沙漠中的海市蜃樓成因剛好與海洋上相反，沙子的比熱很
小，所以靠近沙漠的地方，空氣溫度比較高。空氣受熱膨脹，密
度較小，折射率較小，是光疏介質；上層的空氣距離沙子較遠，
溫度相對較低，空氣密度相對較大，折射率較大，也就形成了光
密介質。光線從上向下照射時，從光密介質進入光疏介質，相當

於從水射向空氣，折射角變大，光線偏向水平。當折射角增大到一定程度時，就會發生全反射而向上照射。

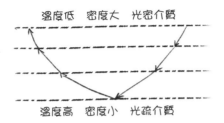

例如有一朵雲彩飄在空中，反射的光線經過折射和全反射被地面上的人觀察到。大腦會認為光線依然是直線傳播，因此判定雲彩在地下。雲彩不會在地下，所以人們會認為地面上有一個可以反射光線的物質，那就是水，這就是沙漠中海市蜃樓的原理。由於沙漠中沙子的溫度非常高，形成蜃景的光線在靠近沙子時一定會發生全反射，所以在沙漠中的海市蜃樓都是倒像。

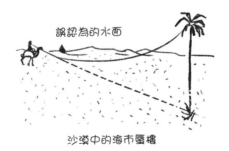

沙漠中的海市蜃樓

炎熱的夏天，馬路上的溫度也非常高，形成的效果與沙漠相同。在靠近地面的位置，光線很容易發生全反射，映出車輛的倒影，所以就會讓人們誤以為地面上有水。下次再遇到這種現象，別再被你的眼睛欺騙了哦！

雨中走路淋雨多，還是跑步比較多？
—— 數學模型

　　如果有一天下雨了，你剛好沒有帶傘，也沒有地方避雨，那你會選擇在雨中漫步，還是奔跑呢？

　　這是一個古老的問題，引起全世界的數次討論。中國大陸中央電視臺《加油！向未來》節目還做了實驗，得出跑步淋雨少的結論；《流言終結者》也做了實驗，而且進行兩次，居然得到相反的結果。

　　原因在於這個問題在實際中影響的因素非常多，例如雨量、風速、人的速度、人的表面積和形狀等，都會影響實驗結果。尤其是如果雨滴下落時不均勻，隨機性就會變得更大。

- - - - - - -

一、物理模型

　　利用簡單的物理模型做一個分析，所謂物理模型就是從一個實際的複雜問題中，抽象出最核心的內容，忽略其他不重要的影響因素。例如研究地球圍繞太陽運動，就把地球視為一個點，不去理會地面上的山川、河流，這就是質點模型。做為一個模型，必須給一些假設，雖然這些假設可能與實際情況不完全相同。

假設 1：雨是均勻且無限小，而且各處密度均勻，單位體積
　　　　內雨的質量為 ρ。

假設 2：沒有風，雨滴等速下落，速度為 v。

假設 3：人等速運動，運動的速度為 u。

假設 4：把人的身材視為長方體，身體前方的面積為 S_1，頭
　　　　頂的面積為 S_2。

假設 5：人的目標是從 A 地到達相距 L 的 B 地。

有了以上假設就可以進行計算了，人在雨中向前運動，頭頂
會淋雨，前面也會淋到雨，要分別計算這兩部分。

．．．．．．

二、基本分析

首先要研究的是空間中哪些雨落在人的身上，如果選取地面
做為參考系，人在運動，雨也在運動，問題會比較複雜，我們可
以換一個參考系——以人為參考。這樣一來，人就可以視為靜止
不動，而雨滴在豎直方向具有下落的速度 v，在水平方向具有相
對於人向後的水平速度 u，雨滴相對於人就是斜向下運動，如右
圖所示：

人在從 A 地到 B 地的
過程中，雨滴相對於人向斜
下方等速直線運動，能夠落
到人身上的雨滴（忽略人頭
頂的一個小三角形）都在他

斜前方一個柱體內，如右圖中的
ACDE 部分。這些雨滴會朝著人
奔跑，最終撞到人身上。

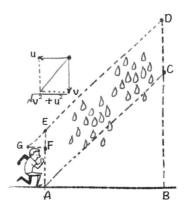

　　這是一個斜柱體，它的底面
積是人迎接雨滴的截面積 S，如
圖中 AE 部分所示。而柱體的高
是 AB 之間的距離 AB＝L。根據
柱體體積公式得到雨滴體積
$V=SL$，單位體積的雨滴質量為 ρ，於是最終落到人身上的雨滴
的總量為：$m=\rho SL$。

. . . .

三、如何淋雨少？

　　如何才能淋到更少的雨呢？顯而易見，無論以多大速度奔
跑，AB 之間的距離 L 是固定的。當奔跑速度不同時，雨滴相對
於人的速度不同，因而柱體的傾
斜程度不同，截面積 S 也不同。

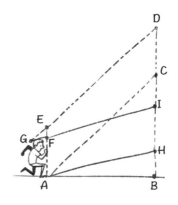

　　如右圖所示，如果人的奔跑
速度比較大，雨滴相對於人速度
更接近水平，這樣人迎接雨滴的
截面積為 AF 部分；如果人的奔
跑速度比較小，雨滴相對於人速
度方向更加豎直，人迎接雨滴的

面積是 AE 部分。

　　顯然，柱體 AFIH 和柱體 AEDC 的高相同，但是 AF 部分面積更小，柱體體積更小，柱體中的雨質量更小，即人以更大速度奔跑時，淋雨少。如果人以無限大的速度奔跑，則雨滴一點也不落到頭頂，而是全部落在人的身體前側面。

<hr />

四、還能再更厲害一點嗎？

　　如果人已經達到最大奔跑速度，還有沒有可能繼續減少淋雨呢？

　　其實還有辦法，因為人的頭頂面積小於身體前面的面積，我們可以讓身體傾斜過來迎接雨滴，這樣就可以使人迎接雨滴的面積進一步減小，雨柱體變得更細。

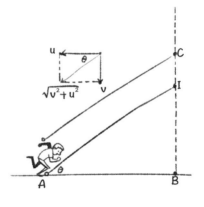

　　如果要獲得最小的迎接雨的底面積，就應該完全用頭頂面積迎接雨，此時人的傾斜程度應該與雨相對於人的速度方向平行。如上圖所示，這個夾角用三角函數表示就是：$\tan\theta = \dfrac{v}{u}$。

　　例如人的奔跑速度和雨滴下落的速度相同時，人向前傾斜 45 度角最佳。

綜上所述，在一定的模型條件下，人盡量以大的速度奔跑，並且使身體向前傾斜，可以使落到身上的雨滴減少。如果可以精巧地調整身體的角度，使得總是只有頭頂迎接雨滴，那麼只需要一小塊擋住腦袋的荷葉，就可以保證身上一點水都沒有。

電磁爐是怎樣加熱食物的？
—— 渦流的產生與應用

電磁爐是一種常見炊具，利用電磁感應所產生的渦流對食物進行加熱。相較於傳統的電爐和瓦斯爐，電磁爐具有很多優勢，如熱效率更高、爐面清潔、不產生有毒物質一氧化碳、火力穩定且易於控制等。

· · · · · ·

一、渦流

電磁爐具體是如何運作的呢？之前我們說過，英國物理學家法拉第最早發現電磁感應現象，即當磁場變化時，導體中有感應電流產生。隨後，科學家馬克士威推斷，電磁感應產生的原因是變化的磁場會在周圍空間產生電場，這種電場與磁場垂直，並且首尾相接，稱為「感應電場（渦流電場）」。如果在感應電場處存在導體，電場就會推動電荷運動，產生渦旋電流。

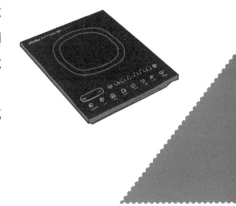

電磁爐就是利用這種原理製作而成，在電磁爐內部，透過一定的方法，將 50Hz 的常用交流電變為直流，然後再變為 20kHz 左右的高頻電流，通入電磁爐面板中的線圈裡，就會產生高頻磁場。

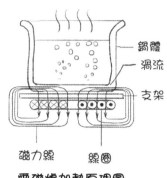

電磁爐加熱原理圖

線圈產生的高頻磁場會在周圍產生高頻電場，這個電場遇到導體——鍋底，就會產生感應電流。由於鐵鍋存在電阻，因此這個渦流就會產生熱量，也就是說，電磁爐的加熱原理是直接在鍋底產生電流加熱食物，而電磁爐面板發熱量很少。鍋底的熱量多數被食物所吸收，因此熱效率很高。據統計，電磁爐的能量轉換效率達 90%，傳統電熱爐為 70%，而瓦斯爐因為加熱周圍空氣，熱效率只有 30%。如果電磁爐打開，但是不放鐵鍋時，感應電場附近沒有導體，因此就不會產生電流，也不生熱。此時電磁爐會警報提示，同時斷電，相較於傳統爐具更加安全。

電磁爐一般要使用鐵鍋或不鏽鋼鍋，因為鐵鍋有兩個好處：

為什麼電磁爐要使用鐵鍋或不鏽鋼鍋呢？

第一，鐵鍋是導電的。如果用陶瓷鍋，其不導電，就不能產生渦流。

第二，鐵鍋是鐵磁性的。所謂鐵磁性就是在外加磁場的情況下，物質會被磁化，形成與外界磁場相同方向的磁場，從而可以加強外界

磁場。高頻電流產生的磁場被加強後，可以產生更強的渦旋電場，這樣電流才夠大。如果使用銅鍋或鋁鍋，因為這兩種金屬不具鐵磁性，不能加強磁場，因此渦旋電場就不夠大。

二、電磁爐對人體有危害嗎？

　　由於電磁爐產生高頻振盪磁場會有電磁波產生，但電磁爐的頻率只有二萬 Hz 左右，相較於微波爐二十億 Hz，頻率低了十萬倍。而且電磁爐輻射電磁波的範圍很小，只局限在電磁爐附近一個很小的範圍內，強度也不足以對普通人產生危害。不過這種電磁波依然可能對某些電子設備產生影響，例如裝有心臟起搏器的人，最好避免離電磁爐太近。

三、渦流的應用和危害

　　除了微波爐，渦流在生活中還有許多應用。例如機場安檢時使用的掌上型安檢儀（金屬探測器）的原理與電磁爐相同。

　　這種安檢儀內部有個線圈，通過交流電時會產生變化磁場，變化磁場又產生渦旋電場。如果探測器附近有金屬導體，導體中就會產生渦流。這個渦流也會產生感應磁場，而探測器中有元件可以感受到這個磁場，於是發出警報，探雷器等工具的原理也同樣類似。

　　渦流也有一些危害，當電流、磁場發生變化時會產生熱量，如果這些熱量不是我們需要的，就會造成能量損失，效率下降，最典型的就是變壓器。

　　我們之前談過：變壓器的基本原理是一端輸入變化電流，產生變化磁場，變化磁場通過導磁介質進入變壓器的另一端，靠電磁感應作用實現變壓。

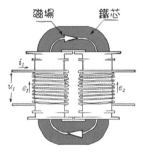

　　在這個過程中，由於磁場會變化，所以會在導磁介質中形成渦流，變壓器會變得很燙，不光影響效率，也容易引發火災。為了解決問題，首先使用電阻較大的矽鋼來製作導磁介質，同時讓回形矽鋼一片片貼在一起，中間用絕緣介質隔開，就保證磁場可以順著矽鋼片傳導，但渦流卻被大大減小。

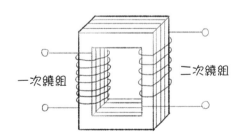

　　儘管如此，變壓器工作時還是會發熱。手機、電腦的充電器上都有變壓器，充電時會變得比較熱，小時候玩任天堂遊戲機的變壓器更是最容易發熱。家長不在家時，小朋友偷偷玩遊戲機，家長回來就要摸一下變壓器，如果熱了，就說明孩子沒有乖乖學習。不過現在的孩子應該都不認識這種遊戲機，大家都迷上手機了。

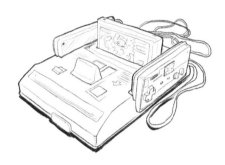

微波爐是如何加熱的？
── 微波加熱原理

誰家沒有微波爐呢？用微波爐加熱又快又方便，可是許多人說微波爐加熱的射頻會致癌，還有人害怕微波洩漏會對人產生危害，這些說法都是真的嗎？

一、微波加熱原理

首先我們來解釋一下微波爐為什麼能加熱食品。

微波是波長最短的無線電波，波長與紅外線接近。現在市面上的微波爐大多使用頻率是 2.45GHz 的微波，也就是說每一秒有 24.5 億個週期，這個頻率與無線路由器 Wi-Fi 的頻率 2.4GHz 接近，只不過微波爐的功率比無線路由器大得多。

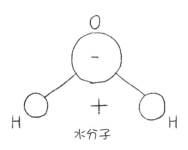

食物中含有水分、脂肪、蛋白質等成分，微波可以使這些分子摩擦生熱。以水分子為例，水分子由一個氧原子和兩個氫原子構成，氧原子吸引電子的能力更強，而氫原子吸引電子的能力較

弱。當氧原子和氫原子構成水分子時，電子更加偏向氧原子，造成正電荷中心和負電荷中心不重合，好像氧原子一端帶負電，氫原子一端帶正電一樣，這種分子稱為極性分子。

極性分子處於電場中就會發生轉動，因為電場對電荷有力的作用：對正電荷作用力的方向與電場方向相同，對負電荷作用力的方向與電場方向相反。這兩個等大反向但不共線的力稱為一對力偶，在這對力偶的作用下，氧分子和負電荷中心會轉動到靠右，而氫原子和正電荷中心會轉動到靠左。

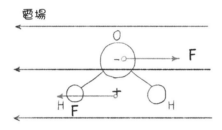

如果電場恆定不變，當氧原子轉到右側，氫原子轉到左側時，轉動就結束了。但微波中的電場是週期性變化，經過很短的時間，電場方向就會變成向右。這樣一來，在電力的作用下，水分子又會發生相反的轉動。

由於微波頻率是 2.45GHz，也就是每秒會有 24.5 億個週期，電場會反覆變化。於是水分子就反覆的左右轉動，發生振動。

這個頻率是精心設計的，因為頻率太高的電場，水分子來不及轉動；頻率太低的電場，水分子轉動太慢，不能很快加熱。這個頻率與水分子、蛋白質分子和脂肪分子的共振頻率接近，能使這些分子最大限度的振動。在振動過程中，這些分子會彼此碰

撞、摩擦,從而產生熱量。由於微波爐可以穿透一些物體,因此微波爐會讓食物內外一起加熱,速度更快。

看到這裡大家明白了嗎?微波爐加熱不過是摩擦生熱,並不存在致癌機理。

二、微波是如何產生的?

微波爐中的微波是如何產生的呢?我們需要了解一下微波爐的結構。

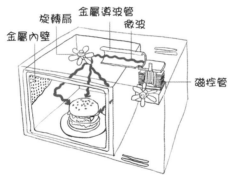

首先,微波爐中的變壓器將 220V 的市電變為高壓,輸入磁控管。磁控管可以產生大功率的微波,並在導波管中前進,導入攪拌器。攪拌器好像一個旋轉的電風扇,只不過它的扇葉是金屬材質,可以反射微波。於是在攪拌器旋轉的過程中,微波就被攪亂,從而反射到微波爐內的各個方向。

微波進入爐腔後,爐腔的四壁、觀察屏的金屬網又產生反射電磁波的效果,微波在爐體內壁和金屬網上反覆反射,照射到爐

子裡的各個部位。同時，食物放在可以旋轉的盤子上，這些措施都是為了保證食物能夠被微波均勻照射，透過分子振動一起加熱。

　　微波爐的核心部件是磁控管，這是一個可以產生微波的裝置。

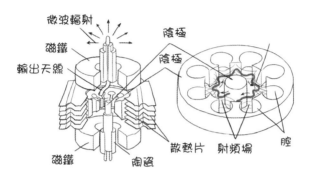

　　磁控管中間有金屬鎢棒，在高壓作用下，金屬棒會發射電子。電子從中心的陰極運動到周圍環形的陽極上呈發散狀，在磁控管兩端有兩塊磁鐵可以產生磁場。電子在磁場中運動會受到磁場的作用力，稱為勞侖茲力，造成電子向外運動的過程中會發生旋轉。

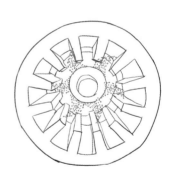

　　由於外側接收電子的外圈呈鋸齒狀，因此在電子向外擴散並旋轉的過程中，電子遇到的部位形成負極，電子沒遇到的鋸齒是正極，電流的流向會反覆發生變化，形成交流電，並發射電磁波。

• • • • • •
三、微波爐對人有害嗎？

剛才已經說過，微波爐加熱食物不存在致癌機理，但是還有很多人懷疑：微波爐的微波會不會對人產生危害呢？

我們講過微波是電磁波的一種，電磁波就是電場和磁場相互激發產生的一種物質。按照波長從長到短，大致可以把電磁波分為無線電、微波、紅外線、可見光、紫外線、X 射線、伽馬射線等部分，微波就是波長比無線電短、比紅外線長的電磁波，也有人把微波歸類到無線電裡，是無線電中波長最短的電磁波。

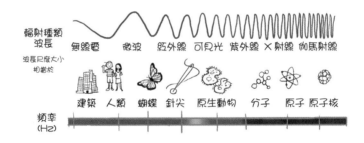

X 射線和伽馬射線的確會對人體產生危害，因為人體內的大量細胞隨時都在進行複製，當伽馬射線照射正在複製中的細胞時，有可能將 DNA 鏈打斷，造成細胞死亡或錯誤複製，從而產生死亡或癌變細胞。伽馬射線在醫療上用於殺死癌細胞，即所謂放射性療法；X 射線的殺傷性較伽馬射線稍小一些，醫療上用於透視。

但到了可見光、紅外線波段，頻率比較低，波長比較長，在一定的功率情況下對人體已經沒什麼危害。微波比光的波長還長，頻率更低，因此更不會對人產生直接危害。手機訊號、電視

訊號、部分廣播、雷達等,使用的電磁波都在微波的範圍內,一般都不會對人造成傷害。有人經常懷疑 Wi-Fi 訊號對人有害,所以家裡有人懷孕了,就要把 Wi-Fi 訊號切斷。但手機訊號、廣播訊號也差不多在這個頻段,誰會把手機訊號和廣播訊號切斷呢?

還有人在想:雖然微波不致癌,但是如果靠近微波爐,會不會被微波爐烤熟呢?

實際上,微波爐的金屬壁和金屬網發揮很好的遮罩效果,微波洩漏到爐外的量少之又少。市面上所有合格的微波爐產品,微波洩漏都遠遠低於國家標準,都可以安心使用。

如果一定要做個實驗,不妨將家用無線路由器放入微波爐,檢測一下 Wi-Fi 訊號是不是消失了。如果消失,就說明 Wi-Fi 訊號被限制在微波爐內。之所以用無線路由器是因為它發射的訊號也是 2.4GHz,與微波爐接近。而手機訊號與微波爐的頻率相差比較多,遮罩效果沒有 Wi-Fi 訊號好。

. . . .
四、使用微波爐該注意些什麼？

雖然微波爐能為生活帶來很多方便，但微波爐使用不當也容易造成事故。使用微波爐時，一定要謹記下列要點：

1. 千萬不要將金屬容器或帶有金屬花紋的容器放進微波爐。金屬會反射電磁波，造成微波無法穿透金屬加熱食物。同時微波會在金屬表面產生感應電流，金屬與微波爐內壁之間有可能發生感應產生電火花，造成火災事故。

2. 不要將密封的容器、食品放入微波爐。微波爐加熱時會產生蒸氣，如果容器是密封的，或者食品有皮，如生雞蛋、番茄等，可能會爆炸，噴得整個微波爐都是食物，擦起來很費勁。

3. 不要使用普通塑膠容器。普通塑膠容器不吸收微波，但在食物加熱時，食物會將熱量傳遞給塑膠，有可能造成塑膠軟化，釋放出有害物質。

4. 不要用微波爐燒開水。因為微波爐獨特的加熱特點，在水溫升高到 100℃時，可能依然不會沸騰。但把水從微波爐中拿出，經過一點小小的擾動，水可能會爆沸傷人。

透過微波爐加熱，一般要使用陶瓷、玻璃或微波爐專用的塑膠容器。這些容器不吸收微波，不會自身生熱，同時在高溫作用下也不會變形或釋放有害物質。

現在，你可以放心地使用微波爐了。

電鍋可以用來燒水嗎？
── 傳感器的原理和應用

電鍋是家庭常用的炊具，使用起來非
常方便，因為我們只要把米和水放進電
鍋，根本不用管，飯就煮好了，開關會自
動彈起，斷開電源或切換為保溫狀態。

一、電鍋怎麼知道飯已經煮好了呢？

其實原理很簡單。鍋底中心有一種特殊的材料：感溫鐵氧
體。感溫鐵氧體是用氧化錳、氧化鋅、氧化鐵粉末混合燒結而
成，常溫下具鐵磁性，也就是說磁性比較強。但溫度上升到約
103℃時，就會變為順磁性，此時的磁性就非常微弱，這種磁性
轉變的溫度稱為「居里點」。

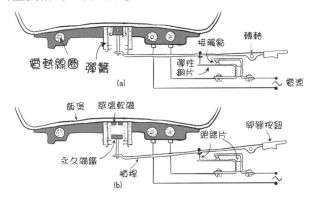

開始煮飯時，我們按下開關，在槓桿的作用下，左端的小磁鐵上升，吸住電鍋內膽上的感溫鐵氧體。此時電路中的彈性銅片會與觸點接觸，連接電路。電流通過電熱線圈替電鍋加熱，在煮飯的過程中，由於鍋內有水，所以鍋內溫度一直低於水的沸點100℃，而且內膽上的感溫鐵氧體一直有磁性，吸住永磁體，保證電路不斷開。

當飯煮好後，水分會被米吸收，於是鍋內的溫度會突破100℃，繼續上升。當溫度上升到103℃後，內膽上的感溫鐵氧體會失去磁性。此時在彈簧的作用下，槓桿左端會下落，帶動絕緣片頂開彈性銅片，停止加熱。電鍋發出「嘭」的一聲，開關彈起，就表示米飯已經煮好了。此時如果立刻再次按下開關，發現開關會再次彈起，這是由於此時鍋內溫度還是很高，鐵氧體沒有磁性的原因。

能不能用電鍋燒水呢？

也就是說，感溫鐵氧體可以感知溫度的變化，並且透過某種方式將溫度的變化轉變為電流的變化（通斷），這種把溫度量轉化為電學量的裝置稱為「溫度感測器」，電鍋就是透過溫度感測器實現煮好飯後自動斷電的。

顯然，使用電鍋可以將水加熱到100℃沸騰，但是水沸騰後，溫度不會繼續上升，因此溫度無法達到居里點103℃，不能自動斷電。不是需要有人看著，水燒開後手動斷電，就是電鍋就會把水燒乾，然後才會自動斷電，因此用電鍋燒水是很不方便的。

二、快煮壺為什麼能自動斷電？

快煮壺在水燒開後可以自動斷電，又是什麼原理呢？

它使用的溫度感測器稱為「雙金屬片溫度感測器」。

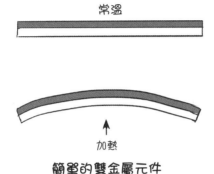

常溫

↑
加熱

簡單的雙金屬元件

這種感測器的原理是把兩個熱膨脹係數不同的金屬片貼在一起，例如一面是鐵，一面是銅。當雙金屬片受熱時，鐵片和銅片都會膨脹，但銅片膨脹得更厲害，於是金屬片就會向鐵片側彎曲。

當快煮壺將水燒到沸騰時，會產生大量的水蒸氣，溫度在100℃左右。這些水蒸氣會湧入雙金屬片溫度感測器中，使雙金屬片彎曲，從而斷開電路。但是燒水時要記得把壺蓋蓋上，因為很多快煮壺的溫度感測器在蓋子裡，如果不蓋上蓋子，水燒開之後，水蒸氣無法觸及溫度感測器，也就無法自動斷電了。

. . . .
三、電熨斗如何自動控溫？

在電熨斗中，電熱絲、雙金屬片、觸點和彈性銅片構成一個通路。常溫下，兩個觸點相互接觸，電流流過這個通路時，電熱絲發熱，就可以使熨斗的溫度升高。

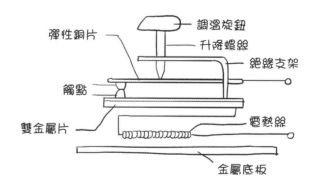

但溫度過高時，由於雙金屬片受熱膨脹係數不同，上部金屬膨脹大，下部金屬膨脹小，則雙金屬片向下彎曲，使觸點分離，

從而切斷電源，停止加熱；溫度降低後，雙金屬片恢復原狀，重新接通電路加熱，這樣迴圈進行，產生自動控制溫度的作用。

現在很多電熨斗的溫度都可以自己設定，因為熨燙不同材料的衣服需要設定不同的溫度，在結構圖中有一個調溫旋鈕，只要旋轉這個旋鈕，就可以改變設定的溫度。

例如熨燙棉麻衣服需要比較高的溫度，就需要觸點更多時候處於接觸狀態，可以向下旋轉調溫旋鈕，讓調溫螺絲更深地頂住彈性銅片，這樣只有在更高的溫度下，才能實現觸點的分離而停止加熱。

熨燙絲綢衣服時需要相對較低的溫度，就需要觸點更多時候呈現分離狀態，可以向上旋轉調溫旋鈕，讓調溫螺絲比較淺地頂住彈性銅片，這樣溫度不太高時，觸點就會分離，因而停止加熱。

溫度感測器是一種非常常見的感測器，讓我們的生活變得愈來愈方便。

觸控螢幕是什麼原理？
—— 電容和電容式轉換器

我們每天都在使用觸控式螢幕的電子設備，例如手機、平板電腦等。大家知道觸控式螢幕的工作原理是什麼嗎？它是怎麼知道手指的位置？為什麼手機貼了膜還是可以使用，而戴著手套就不能正常使用了呢？

目前市面上使用的觸控式螢幕多數是電容式觸控式螢幕，為了了解工作原理，我們先解釋一下電容是什麼。

一、萊頓瓶

1745 年，荷蘭萊頓大學教授穆森布羅克發明了萊頓瓶，用來儲存電荷。

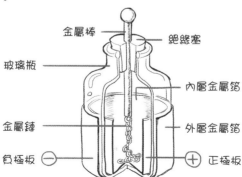

　　萊頓瓶的基本原理是：透過一根導電的金屬棒和金屬鏈，將電荷導入瓶中，瓶子內外分別貼上金屬箔，電荷就會儲存在瓶中。把正電荷導入瓶子內的金屬箔上時，瓶子外側金屬箔接地，等量的負電荷就會被吸引到外側金屬箔上。正負電荷相互吸引，但玻璃瓶是絕緣體，阻礙了它們中和，所以電荷就儲存下來了。

　　1752 年，美國獨立戰爭的領袖、印在百元美鈔上的富蘭克林利用萊頓瓶做了著名的「風箏實驗」，用風箏將天上的雷電導入萊頓瓶，證明天上的閃電和地上的電是同一種物質。

二、電容器

　　其實儲存電荷不一定需要瓶子，只要兩個相互絕緣，並且靠近的導體就能發揮相同作用，我們稱之為「電容器」，最簡單的是平行板電容器。將兩塊金屬板靠近，一個極板帶正電，另一個帶負電，由於電荷之間的吸引作用，只要兩個電極沒有通過外電路連通，電荷就不會跑掉。

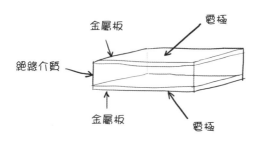

電容器中央是絕緣的,理論上說,電流無法通過電容器。但是在電容器充電和放電的過程中,電容器極板上電荷量會有變化,可以看成是電流通過了電容器。

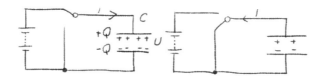

例如將原本不帶電的電容器與電池兩極相接,電容器就會開始充電,即正電荷湧入電容器的上極板,負電荷湧入電容器的下極板。電路中除了電容器兩極板之間的部分外,其餘部分都有電流。電流方向規定為正電荷定向移動的方向,所以我們可以說,電路中出現了順時針的充電電流。這個電流是瞬間的,當電容器的電壓與電池的電壓相同時,電流就消失了。類似於一個連通器,最初左側的水面比較高,水就會流動;當兩側水面一樣高時,水面就不再流動了。

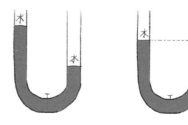

　　當電容器充滿電後，即使斷開電源，電容器上的電荷也不會消失。但如果將電容器兩個極板用導線直接相連，正負電荷就找到一條可以中和的通路，於是正電荷和負電荷就會通過通路中和，電路中會出現逆時針的電流，稱為「放電電流」。放電電流也是瞬間的，電荷中和完畢後，放電電流就消失了。

　　如果電容器反覆進行充電和放電，電路中就會反覆出現充電流和放電電流，並且方向相反，這種電流就是之前講過的交流電。現在我們知道了，交流電可以通過電容器。

　　我們還知道驗電筆可以測量一根導線是否帶電，你是否想過，如果站在椅子上用驗電筆接觸火線，驗電筆會不會亮呢？

　　由於人和大地都是導體，而椅子是絕緣體，家用電是交流電，因此可以通過電容器，即使站在椅子上用驗電筆觸碰火線，驗電筆還是會亮，表示依然有電流通過驗電筆和人體。只是這個電流比較小，人體沒有什麼感覺。

· · · · · · ·
三、觸控式螢幕原理

　　現在我們終於可以解釋電容觸控式螢幕原理了。簡單的電容屏是一個四層複合玻璃板，其中有一層 ITO 材料，這是一種氧化銦錫材料，透明並且可以導電，適用於製造觸控式螢幕。

當手指接觸螢幕上某個部位時，就會與 ITO 材料構成耦合電容，改變觸點處的電容大小。螢幕的四個角會有導線，由於交流電可以通過電容器，四條導線的電流會奔向觸點，而電流大小與到觸點的距離有關。手機內部的晶片可以分析四個角的電流，透過計算就可以得到觸點的位置。

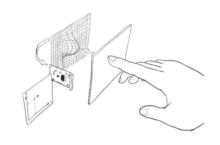

更加精細的電容屏是投射式電容屏，採用被蝕刻的 ITO 陣列，這些 ITO 層通過蝕刻形成多個水平和垂直電極，每一部分的 ITO 部件也帶有傳感功能。

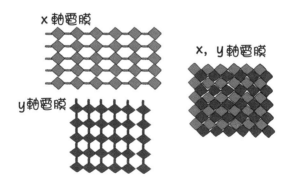

當手指觸摸某個部位時，與陣列電容進行耦合，改變了螢幕上的電場，透過感測器和晶片分析電場和電流變化，就可以感知觸點位置。相較於之前的四角電流電容螢幕，這種電容屏可以實現多點觸控，應用更加廣泛。

人的手指是導體，才會影響電容螢幕，而使用絕緣物質觸碰

電容螢幕就無法操作手機。手機貼膜也可以使用，這是因為手指與 ITO 層原本就不需要接觸，中間本身就有玻璃絕緣層，貼絕緣膜的作用只是相當於玻璃厚了一點，電流依然可以流過手指和螢幕中的導體所形成的電容器。不過如果手套太厚，**觸碰觸控式**螢幕時，手指與螢幕中的導體相隔太遠，電容比較小，就不足以被感測器感知，所以戴著厚手套是不能操作手機的。

其實電容感測器在生活中的應用還有很多，例如廁所裡常見的自動沖水裝置、自動乾手機等，許多都是利用電容傳感。當人體靠近或遠離時，人體與裝置構成的電容發生變化，感測器感受到這種變化，控制電路進行某種操作。

感測器在生活中，簡直是無處不在！

手機是如何定位的？
── 衛星定位原理

在現代人的生活中，手機必不可少。許多駕駛使用手機代替導航儀進行導航。手機不光可以告訴自己的位置，還能協助指引路線、提示壅塞處等。

小小的一支手機如何知道我們的位置呢？其實手機是透過與衛星聯絡獲知自身位置，所以手機定位準確的說法應該是衛星定位。

一、三大衛星定位系統

目前世界上應用最廣泛的定位系統是美國的全球衛星定位系統GPS，這是美國軍方從 1970 年開始研製建立的衛星定位系統，在 1994 年建成，由二十四顆衛星、一個地面主控站和若干個監測站組成，覆蓋全球

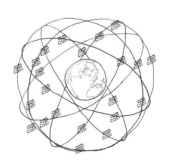

98% 的地區。使用者只要有一臺 GPS 接收設備，就可以二十四小時免費享受定位系統提供的定位授時等服務。

除了美國的 GPS 系統外，主流的衛星定位系統還有俄羅斯的格洛納斯衛星定位系統 (GLONASS) 和歐盟的伽利略衛星定位系統 (GALILEO)。如今，中國也正在建設完善北斗衛星導航系統 (BDS)，計畫發射三十五顆衛星，在 2020 年左右建成。這些定位系統的功能相似，可以為用戶提供授時、定位和導航功能。在軍事上，定位系統可以為車輛、船舶、飛機和導彈武器等提供準確的定位導航服務，一個國家是否有優質的導航系統，直接影響著這個國家的遠端作戰能力。

- - - - - -
二、衛星定位原理

那麼，衛星究竟如何確定出我們的位置呢？

為了了解這個問題，首先需要了解坐標系的概念。法國學者笛卡兒發明了解析幾何學，就是用代數方法解決幾何問題的方法。我們可以在平面建立一個直角坐標系，這樣平面內的任何一個點都可以用一對坐標 $(x，y)$ 表示，x 和 y 分別表示兩點的橫坐標和縱坐標。根據畢氏定理，兩點之間的距離可以表示為 $s = \sqrt{(x_1 - x_2)^2 + (y_1 - y_2)^2}$。

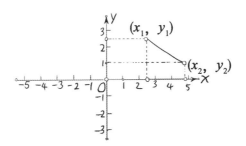

同理，為了表示空間中的一個點，需要建立空間直角坐標系，每一個點用坐標 (x, y, z) 表示。兩個點 (x_1, y_1, z_1) 和 (x_2, y_2, z_2) 之間的距離可以透過兩次畢氏定理得到 $s = \sqrt{(x_1 - x_2)^2 + (y_1 - y_2)^2 + (z_1 - z_2)^2}$。

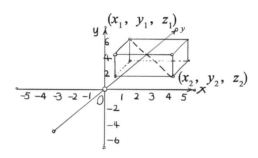

明白空間中兩點距離的計算方法，就不難理解衛星定位。一個衛星接收裝置，例如一支手機需要確定四個量才能定位，就是它的空間坐標 (x, y, z) 和它此刻的時刻 t。手機本身都不清楚這四個量，但衛星上有高精度的原子鐘，同時，衛星系統和地面站都有星曆，衛星每分每秒都能夠準確確定自己的空間坐標和時刻。

當我們需要進行定位時，手機就會與衛星進行溝通，例如某衛星可以在某時刻發射一組訊號給手機，訊號裡包含了此時衛星的空間坐標和時刻 (x_1, y_1, z_1, t_1)，當手機接收到這個訊號時，手機的空間坐標和時刻 (x, y, z, t) 都是未知的。

不過我們知道電磁波訊號是以光速 $c = 3 \times 10^8$ m/s 傳播的，如果訊號在 t_1 發出，而又在 t 時刻被手機接收到，光傳播的時間就是 $t - t_1$，傳播的距離 $d_1 = c(t - t_1)$。同時，我們利用上面的知識

可以知道，手機 $(x，y，z)$ 和衛星 $(x_1，y_1，z_1)$ 之間的距離可以表示成：

$$d_1 = \sqrt{(x-x_1)^2 + (y-y_1)^2 + (z-z_1)^2}$$

於是可以列出方程式：

$$c(t-t_1) = \sqrt{(x-x_1)^2 + (y-y_1)^2 + (z-z_1)^2}$$

這個方程中的 x、y、z、t 都是未知量，四個未知量只有一個方程式是解決不了的。不過沒關係，手機可以同時與四顆衛星聯絡，四顆衛星分別發射訊號給手機，就可以列出四個方程式。

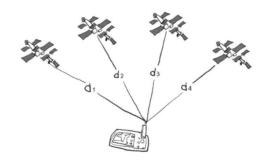

$$c(t-t_i) = \sqrt{(x-x_i)^2 + (y-y_i)^2 + (z-z_i)^2}，i = 1，2，3，4。$$

其中 $(x_i，y_i，z_i，t_i)$ 是第 i 顆衛星的空間坐標和時刻，是已知的。這樣根據這四個方程式，手機中的定位晶片就可以計算出自己現在的位置 $(x，y，z)$ 和時刻 t。再加上手機上已經儲存的地圖資訊，就可以顯示出我們的位置了。

所以說一個 GPS 接收器最少要聯絡上四顆衛星，才可以定位自己的位置。聯絡的衛星愈多，測量結果就愈準確。

· · · · · · ·
三、誤差修正

在衛星定位的過程中,最麻煩的事情是誤差修正,誤差來源有衛星誤差、傳播誤差和接收裝置誤差三種。以傳播誤差為例,在電磁波訊號傳播的過程中,電磁波要穿透雲層,而雲層中光的速度與真空中稍有不同。雖然這個差別不大,但是由於光速很快,傳播時間很短,些微的差別都會造成定位範圍有很大誤差,所以我們必須對誤差進行修正。

一種常見的誤差修正手段稱為「差分定位」,它的原理是:衛星先與定位裝置附近的地面定位站進行聯繫,透過地面定位站的坐標和時刻判斷誤差大小,再利用這個數值對手機定位進行修正。

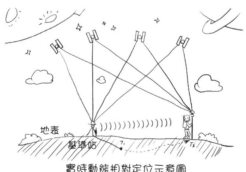

即時動態相對定位示意圖

所以在地面基準站附近,衛星定位比較準確,例如城市裡衛星定位的精度都在十公尺以內,但如果在荒郊野外或大海上,附近沒有基準站,衛星定位的誤差就會大一些。

現在你明白手機定位的原理了,原來我們是和天上的衛星連線呢!

陀螺為什麼不倒下？
── 力矩和角動量

　　許多人小時候玩過陀螺，在高速旋轉時可以保持不倒，一旦停止轉動，就會向某一側倒下，這是什麼原因呢？

　　如果仔細觀察就會發現下列現象：陀螺旋轉較快時，軸線搖晃得慢；陀螺旋轉較慢時，軸線搖晃得快。而且如果陀螺不是穩定在豎直狀態，而是在搖晃腦袋，逆時針轉動的陀螺，它的軸線也會逆時針搖晃；順時針轉動的陀螺，它的軸線也會順時針搖晃。

　　這個生活中常見的現象，其實具有深刻的物理內涵，需要使用力矩與角動量的概念進行解釋。

・・・・・・

一、力矩

　　力矩的概念其實在國中時就已經學習過。

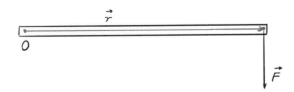

如上頁圖所示，有一個槓桿，O 為支點，槓桿可以繞 O 點轉動。在某點施以一個力 F，從 O 點到力 F 的作用線的距離稱為力臂 r。力 F 和力臂 r 都具有方向，在物理上叫做向量。

我們知道力愈大，力臂愈長，對物體的轉動作用愈強。用力矩來表示這個轉動作用，力矩的運算式為：

$$\vec{M} = \vec{r} \times \vec{F}$$

叉積是一種向量運算，兩向量叉積 $\vec{a} \times \vec{b}$ 的方向可以按照右手螺旋定則判定：右手四指順著 $\vec{a}$ 的方向，再讓四指彎向手心，轉到 $\vec{b}$ 的方向，此時大拇指的方向就是 $\vec{a} \times \vec{b}$ 的方向。

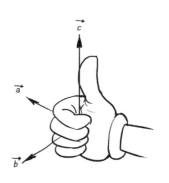

按照這種規則，可以判定出右圖中力 F 的力矩方向是垂直紙面向裡的。

二、角動量

我們再來說說角動量，這是個較難以理解的概念。對於一個旋轉的物體，它的角動量與形狀、質量和轉動角速度都有關係。對於一個特定物體，轉動得愈快，角動量就愈大。在同樣的轉動角速度下，物體的質量分布遠離轉軸，比靠近轉軸時角動量大。

例如一個人手持啞鈴轉圈，轉得愈快，角動量愈大；如果轉

動速度一定，兩手伸直時的角動量就比啞鈴縮在胸前時的角動量大。

　　角動量的方向也可以用右手螺旋定則來判定，我們用右手握住陀螺，四指指向陀螺的旋轉方向，大拇指就指向角動量的方向。也就是說，如果陀螺逆時針旋轉，角動量方向向上；如果陀螺順時針旋轉，角動量方向向下，角動量我們用字母 J 表示。

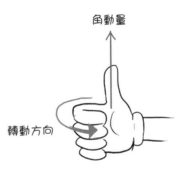

三、角動量守恆

　　接著就可以討論力矩 M 與角動量 J 的關係了。人們根據牛頓定律進行推導，得到以下結論：

　　如果一個物體沒有力矩的作用，即 $\vec{M}=0$，這有可能是因為

物體不受力的作用 $F=0$，或者雖然受到力的作用，但是作用力過轉軸造成沒有力臂 $r=0$。此時，物體的角動量保持不變，稱為角動量守恆。角動量守恆的時候，陀螺的轉軸方向和轉動速度都不會發生變化，即陀螺繞一個固定的轉軸以固定的角速度等速轉動。

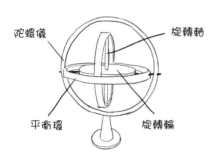

例如一個簡單陀螺儀的結構如下：讓陀螺儀中心的圓盤旋轉起來後，無論陀螺儀外圈如何旋轉，中心的盤面方向總是維持不動，現代陀螺儀都是利用這個原理製作，飛機、火箭等都要透過安裝陀螺儀來保持平衡。

再例如花式滑冰運動員在轉圈時，總是先把兩手伸直再開始旋轉，然後突然把手伸到頭上。因為角動量守恆，她的質量分布更加靠近轉軸，那麼角速度自然就會變大。

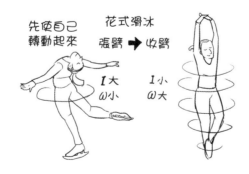

・・・・・・
四、角動量定理

　　如果一個物體有力矩，它的角動量就是變化的，而且就像牛頓第二定律中力與速度變化率成正比，物體受到的力矩也與角動量的時間變化率成正比。

$$\overrightarrow{M} = \frac{\Delta \overrightarrow{J}}{\Delta t}$$

　　這個公式比較複雜，但是我們只需要透過它知道一點：力矩的方向與角動量的變化方向相同，就可以解釋旋轉中的陀螺為什麼不會倒下，而是晃腦袋了。

　　例如有一個逆時針旋轉的陀螺（根據右手定則，角動量向上），此時它受到地面的支持力 N 和重力 G 的作用，但支持力 N 過支點 O，所以沒有力臂，也沒有力矩；重力 G 不過支點，所以存在力臂和力矩。透過右手定則可以判定：重力力矩的方向是垂直紙面向裡的。

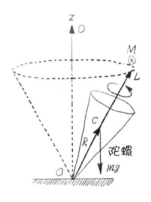

　　這個力矩就會造成陀螺角動量垂直紙面向裡變化，也就是軸線繞著垂直地面的直線逆時針旋轉，這個過程就稱為「進動」。

　　換句話說，如果陀螺在圖示位置停止轉動，重力的力矩會使陀螺向右倒下。但在陀螺旋轉的情況下，重力的力矩造成的結果是使得角動量的方向發生變化，這種變化就是陀螺的軸線繞著中心的 z 軸轉動，但是卻不會倒向地面。

　　如果陀螺轉動得比較快，角動量就比較大，進動會比較慢；如果陀螺旋轉速度慢下來，角動量就會變小，但是力矩卻沒有減小，在力矩作用下，陀螺的進動就會比較快。所以我們會發現，當陀螺逐漸慢下來時，晃腦袋的速度反而愈來愈快，最後倒在地面上。

　　車輪在旋轉時也會有角動量，如果自行車稍微傾斜一下，力矩會讓車輪進行進動，整體表現為自行車不會倒下，而是轉彎。自行車的問題比較複雜，角動量問題只是其中一小部分。

· · · · · · ·
五、還能再厲害一點嗎？

　　還有一個比較有趣的例子，那就是地球。

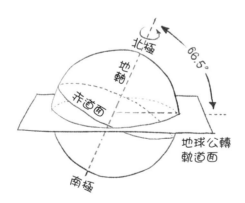

　　我們知道地球也在繞地軸旋轉，太陽對地球的引力過地心，不會產生力矩，所以地球的角動量守恆。根據上述規則，地球的角動量方向會指向北極。

　　假如北半球站著一個人，他繞著自己的軸逆時針旋轉，那麼他也會具有與地球方向相同的角動量。但是地球整體的角動量守恆，表示這個人會剝奪地球一部分角動量，地球的角動量會減小，轉速變慢，一天的時間就會變長，儘管這個變化微乎其微。

LEARN 系列 044

跟著網紅老師玩科學：十分鐘搞懂數學、物理及生活科學

作　　者 —— 李永樂
主　　編 —— 邱憶伶
責任編輯 —— 陳映儒
行銷企畫 —— 陳毓雯
封面設計 —— 兒　日
內頁設計 —— 張靜怡

編輯顧問 —— 李采洪
董 事 長 —— 趙政岷
出 版 者 —— 時報文化出版企業股份有限公司
　　　　　　108019 臺北市和平西路三段 240 號 3 樓
　　　　　　發行專線 —— (02) 2306-6842
　　　　　　讀者服務專線 —— 0800-231-705・(02) 2304-7103
　　　　　　讀者服務傳真 —— (02) 2304-6858
　　　　　　郵撥 —— 19344724 時報文化出版公司
　　　　　　信箱 —— 10899 臺北華江橋郵局第 99 信箱
時報悅讀網 —— http://www.readingtimes.com.tw
電子郵件信箱 —— newstudy@readingtimes.com.tw
時報出版愛讀者粉絲團 —— https://www.facebook.com/readingtimes.2
法律顧問 —— 理律法律事務所　陳長文律師、李念祖律師
印　　刷 —— 勁達印刷有限公司
初版一刷 —— 2019 年 4 月 26 日
初版四刷 —— 2022 年 3 月 4 日
定　　價 —— 新臺幣 350 元
（缺頁或破損的書，請寄回更換）

時報文化出版公司成立於 1975 年，
1999 年股票上櫃公開發行，2008 年脫離中時集團非屬旺中，
以「尊重智慧與創意的文化事業」為信念。

跟著網紅老師玩科學：十分鐘搞懂數學、物理
及生活科學 / 李永樂著 . -- 初版 . -- 臺北市：
時報文化，2019.04
272 面；14.8×21 公分 . -- (LEARN 系列；44)
ISBN 978-957-13-7778-0（平裝）

1. 科學　2. 通俗作品

307.9　　　　　　　　　　　108004964

原著作品：十分鐘智商運動｜作者：李永樂
本作品中文繁體版透過成都天鳶文化傳播有限
公司代理，經北京白馬時光文化發展有限公司
授予時報文化出版企業股份有限公司獨家出版
發行，非經書面同意，不得以任何形式，任意
重製轉載。

ISBN 978-957-13-7778-0
Printed in Taiwan